FUHDH BOOKS

我们一起解决问题

Thinking Good, Feeling Better

A Cognitive Behavioural Therapy Workbook
for Adolescents and Young Adults

认知改变情绪
用CBT技术
更好地帮助青少年

［英］保罗·斯托拉德（Paul Stallard）◎著

王建平　崔绮娜　孙　君◎译

人民邮电出版社
北　京

图书在版编目（ＣＩＰ）数据

认知改变情绪：用CBT技术更好地帮助青少年 /
（英）保罗·斯托拉德（Paul Stallard）著；王建平，
崔绮娜，孙君译. -- 北京：人民邮电出版社，2024.2
ISBN 978-7-115-63639-3

Ⅰ. ①认… Ⅱ. ①保… ②王… ③崔… ④孙… Ⅲ.
①青少年心理学 Ⅳ. ①B844.2

中国国家版本馆CIP数据核字(2024)第015239号

内 容 提 要

    青春期是一个人生理上的快速发展阶段，也是一个人心理上的独立阶段。这种双重变化让青少年应对起来比较困难，难免会出现一些情绪不稳定的情况。此时，他们需要帮助。

    本书包括传统的CBT理念，还借鉴了第三次浪潮的正念疗法、慈悲聚焦疗法及接受承诺疗法的理念，介绍了大量关于CBT关键概念的实践练习和工作表等内容，如CBT中使用的技术、CBT过程、重视自己、学会善待自己、管控情绪、思维陷阱、解决问题、面对恐惧等。本书的核心优势在于提供了专门为青少年设计的心理教育材料。这些材料已经在作者的临床实践中得以使用，也可以在学校和家庭中使用，帮助青少年发展更好的认知、情感和行为技能。

    本书适合教师、家长、心理咨询师、心理治疗师、社会工作人员阅读。对那些与青少年工作的人员及青少年自身而言，本书也是一种宝贵的资源。

◆   著   ［英］保罗·斯托拉德（Paul Stallard）
        译   王建平   崔绮娜   孙 君
        责任编辑   柳小红
        责任印制   彭志环

◆人民邮电出版社出版发行   北京市丰台区成寿寺路 11 号
    邮编 100164   电子邮件 315@ptpress.com.cn
    网址 https://www.ptpress.com.cn
    北京七彩京通数码快印有限公司印刷

◆ 开本：720×960 1/16
    印张：17.75   2024 年 2 月第 1 版
    字数：260 千字   2025 年 8 月北京第 8 次印刷
    著作权合同登记号   图字：01-2022-4260 号

定 价：89.00 元
读者服务热线：（010）81055656 印装质量热线：（010）81055316
反盗版热线：（010）81055315

译者团队介绍

王建平 北京师范大学心理学部二级教授、临床与咨询学院副院长，中国心理学会临床心理学注册工作委员会委员，美国贝克研究所国际顾问委员会委员。

孙　君 北京师范大学应用心理专业硕士（临床与咨询心理方向），香港中文大学翻译硕士。

于心怡 北京师范大学临床与咨询心理学学术硕士；目前参与的项目为北京大学心理与认知科学学院陈仲庚临床与咨询心理学发展基金会资助的"丧亲大学生心理健康状况、影响因素及机制研究"。

杨凯迪 北京师范大学应用心理专业硕士（临床与咨询心理方向），英国杜伦大学发展病理学硕士；中国心理学会临床心理学注册系统注册助理心理师，接受过认知行为疗法、动机式访谈、强迫症专病治疗、哀伤咨询等相关培训；曾服务于北京师范大学心理健康服务中心、首都医科大学附属北京安定医院。

左天然 北京师范大学应用心理专业硕士（临床与咨询心理方向）；系统完成两年心理咨询相关课程学习及实践，曾于北京师范大学心理健康服务中心及北京安定医院情感障碍病房实习，接受过认知行为疗法、动机式访谈等培训；中国心理学会临床心理学注册系统注册助理心理师。

贺琦琦 北京师范大学应用心理专业硕士（临床与咨询心理方向）。

崔绮娜 北京师范大学应用心理专业硕士（临床与咨询心理方向），英国伦敦玛丽女王学院国际雇佣关系硕士。

杨再勇 北京师范大学教育博士（心理健康教育方向），美国心理学会心理治疗分会会员；现任南方科技大学学生心理成长中心负责人、学生工作部副部长，从事心理健康教育工作近 20 年，著有《走向完整的自己》。

黄晶菁 北京师范大学临床与咨询心理学学术硕士。

译 者 序

　　儿童和青少年是各类心理病理症状的易感人群，其心理健康问题已成为重要的公共卫生议题。焦虑、抑郁等问题是该群体主要的疾病负担和伤害来源，引发了越来越多的社会关注。认知行为疗法（Cognitive Behavioral Therapy，CBT）是用于干预儿童和青少年多种心理问题或精神障碍的有效疗法，已得到广泛的研究和充足的实证支持。但对专业助人者来说，将 CBT 应用于儿童和青少年群体的心理咨询与治疗的实践过程颇具挑战。这些挑战包括如何结合该群体的发展性因素去理解和应用 CBT 的核心理论与概念，如何在实务工作中做出合适的调整以更好地适应该群体，以及如何找到或制作适合、可用的材料。相信保罗·斯托拉德博士的这本书能够为专业人士提供有益的参考，帮助他们为儿童和青少年提供更科学、更专业、更有效的帮助。

　　本书围绕如何使用 CBT 服务青少年群体，提供了从理论原则到实践应用的一系列完整、丰富、实用的资源。本书首先向读者介绍了 CBT 的起源、背景、基础理论与重要原理，随后围绕 CBT 的核心概念与原则展开，详细阐述了一系列 CBT 技术的具体应用，并且在各个环节附上了大量实用的练习方法和工具。这些材料是由拥有丰富的与青少年工作的临床经验的专业人士编写而成的，书中不但对为何及如何使用这些工具提供了翔实的指导，而且整合了所有材料并有序地呈现出来，非常易于专业人士上手使用。我想这样一本书，无论是用于系统的学习，还是作为不时翻看、查找信息的案头素材，都是相当适合的。

本书是《儿童和青少年心理问题的认知行为疗法》的练习手册。相比于该书，本书更注重帮助读者将 CBT 中的技术实践化。全书共 19 章，涵盖了适用于青少年的多种基于 CBT 技术的练习方法和工具。第 1 章和第 2 章描述了 CBT 的基础理论、工作原理，以及核心技术和治疗过程。第 3 章概述了不同领域的 CBT 技术，并列举了各种类型的技术。第 4 章到第 19 章依次对如何重视自己、如何善待自己、如何改变思维方式、如何管控情绪等主题进行了说明，并提供了实践练习，通过示例展示如何灵活地运用这些工具来应对青少年的常见问题。这些主题综合了传统 CBT 和第三次浪潮下的 CBT 的核心概念，不仅关注思维、情绪和行为层面的变化，也涵盖了态度、自我觉察和自我关爱等生活方式上的改变。这种综合的方法有助于青少年在参与 CBT 干预后发生更深层、更持久的改变。

本书的翻译工作由我负责的硕士和博士完成，并由我作为终审人员对全书进行了审校。在开始翻译前，我们与出版社进行了充分的沟通，了解了翻译风格的要求和具体细节。我们还组建了一个翻译小组，小组成员英文水平出色，并且多位成员有着其他与 CBT 相关的图书的翻译经验。这使我们对成功完成本书的翻译工作充满信心。在翻译的过程中，我们会定期就小组成员遇到的具有困惑性的词语和翻译问题召开翻译进程汇报会议。我们结合自身的专业背景知识和认知行为疗法的专业知识，集思广益，以找出最合适的翻译方法。此外，我们还建立了相应的工作文档，将遇到的专业术语统一记录在共享文档中，以便其他成员及时查阅、对照和统一使用。整个工作过程需要极大的耐心和细心，但与此同时，我们也得到了更深厚的关于 CBT 的专业知识和更深刻的理解。在这个过程中，我们充分享受到了乐趣。我们希望读者在阅读本书时能够感受到这份乐趣并有所收获，与我们一同深入了解 CBT。

各章的翻译执笔情况如下：辅文由黄晶菁完成；第 1 章由孙君完成；第 2 章由心怡完成；第 3 章、第 4 章和第 5 章由杨凯迪完成；第 6 章、第 7 章由左天然完成；第 8 章、第 9 章、第 10 章和第 11 章由贺琦琦完成；第 12 章、第 13 章由崔绮娜完成；第 14 章、第 15 章和第 16 章由杨再勇完成；第 17 章、第 18 章和第 19 章仍由黄晶菁完成。初译稿完成后，崔绮娜和孙君完成了稿件的统一和再次校对，并由我进行最后的审校。他们在翻译本书的过程中付出了大量的心血。在此，我要对他们辛勤付出的努力表示深深的感谢。最后，我要感谢编辑柳小红和人民邮电出版社为本书的出版所做的努力。

尽管我们尽力做到最好，但由于能力和水平有限，译作中难免存在不当之处。对于这些可能的瑕疵，我们恳请专家和读者批评指正。另外，由于文化差异，当本书在中国进行实践应用时，可能需要使用者根据具体情况做出适当的调整。希望读者能将对本书的意见和使用体验反馈给我们，我的邮箱是 wjphh@bnu.edu.cn。在此，再次衷心感谢你们的支持和宝贵意见！

王建平

2023 年 9 月

目　录

第 1 章

认知行为疗法：理论起源、原理和技术

CBT 的理论基础　　　　　　　　　2

第一次浪潮：行为疗法　　　　　　3

第二次浪潮：认知疗法　　　　　　4

认知模型　　　　　　　　　　　　6

第三次浪潮：接纳、慈悲和正念　　9

CBT 的核心特征　　　　　　　　　12

　　CBT 有坚实的理论基础　　　　12

　　CBT 基于协作模型　　　　　　12

　　CBT 是有一定时限的　　　　　13

　　CBT 是客观和结构化的　　　　13

　　CBT 聚焦于此时此地　　　　　13

　　CBT 基于引导式自我发现和

　　实验过程　　　　　　　　　　13

　　CBT 是一种以技能为基础的方法　14

CBT 的目标　　　　　　　　　　　14

CBT 的核心要素　　　　　　　　　15

　　心理教育　　　　　　　　　　16

　　价值观与各级目标　　　　　　16

　　接纳和承认优势　　　　　　　16

思维监测 16

识别认知歪曲与认知缺陷 17

思维评估与发展替代认知过程 17

发展新的认知技能 17

正念 17

情绪教育 18

情绪监测 18

情绪管理 18

活动监测 18

行为激活 19

重新安排活动 19

技能培养 19

行为实验 19

恐惧等级和暴露 19

角色扮演、示范、暴露和演练 20

自我强化和奖励 20

治疗师工具箱 21

第 2 章
认知行为疗法的过程

治疗过程 23

CBT 的阶段 25

关系建立和参与感 25

心理教育 26

提升自我觉察和自我理解 27

培养并提升技能 28

巩固 29

预防复发 29

调整 CBT 以适应青少年 30

认知焦点还是行为焦点　31

治疗的合作关系　31

语言　32

二分法思维　32

言语与非言语材料　33

科技　34

与青少年开展 CBT 时的常见问题　35

有限的言语技能　35

有限的认知技能　35

缺乏参与　36

没有做出改变的责任感　36

评估思维的困难　37

无法完成家庭作业　37

焦点转变　38

与自我中心者工作　38

明显的家庭功能失调　39

"我明白，但我不相信"　39

第 3 章

全书工具与材料概览

重视自己　44

概述　44

实践练习　44

善待自己　45

概述　45

实践练习　46

练习正念　46

概述　46

实践练习　47

准备改变   47

    概述   47

    实践练习   48

思维、情绪和行为   48

    概述   48

    实践练习   49

思维方式   49

    概述   49

    实践练习   50

思维陷阱   50

    概述   50

    实践练习   51

改变思维   51

    概述   51

    实践练习   52

核心信念   53

    概述   53

    实践练习   53

理解情绪   54

    概述   54

    实践练习   54

掌控情绪   55

    概述   55

    实践练习   56

问题解决   57

    概述   57

    实践练习   57

思维检验   58

    概述   58

    实践练习   58

直面恐惧   59

    概述   59

    实践练习   59

开始行动   60

    概述   60

    实践练习   60

保持健康   61

    概述   61

    实践练习   61

第 4 章
重视自己

自尊是如何形成的   64

自尊可以被改变吗   65

    发现自己的优势   65

    发挥自己的优势   66

    发现积极的方面，并为此感到高兴   68

    照顾自己   69

饮食   69

睡眠   70

我需要多长的睡眠时间   70

    我没有得到充足的睡眠   71

    我无法入睡   71

体育运动   73

第 5 章

善待自己

8 个有用的习惯	**82**
像对待朋友一样对待自己	82
不要在情绪低落时责备自己	83
原谅错误	84
庆祝自己的成就	85
接纳自己	85
善待自己	86
发现他人的优点	87
善待他人	88

第 6 章

练习正念

正念	**94**
专注、觉知、好奇、使用感官	95
正念呼吸	96
正念饮食	97
正念活动	98
正念觉知	99
放下评判	100
正念思维	101

第 7 章

准备改变

你的想法	**109**
你的感受	**109**
你的行为	**110**
消极思维陷阱	**110**
有益信息	**111**
你准备好尝试了吗	112
我的目标	112
奇迹问题	113

第 8 章	我们如何陷入思维陷阱	120
想法、情绪和行为	核心信念	120
	假设	120
	无益的信念	121
	固着的信念	122
	激活你的信念	122
	自动思维	123
	你的感受	124
	你的行为	124
	消极思维陷阱	125
第 9 章	热思维	130
你的思维方式	有益的思维	131
	无益的思维	132
	自动思维	132
	消极思维陷阱	133
第 10 章	消极过滤	140
思维陷阱	消极滤镜	141
	积极的事物无关紧要	141
	将事件放大	142
	放大消极面	142
	全或无思维	142
	灾难化思维	142
	预期失败	143
	预言家	143

读心术   143

自我贬低   **144**

负面标签   144

责备自己   144

好高骛远——设定难以实现的标准   **145**

应该和一定   145

期待完美   146

第 11 章

改变思维方式

识别   151

检查   152

挑战   152

改变   153

他人会怎么说   155

应对担忧   156

我们为何担忧   **157**

控制担忧   **158**

留出"担忧时间"   158

推迟你的"担忧"   158

能解决的，就去解决   159

不能解决的，就尝试接纳   159

第 12 章

核心信念

核心信念   **165**

寻找核心信念   167

挑战信念   **169**

它总是符合事实吗   170

如果不起作用怎么办   171

第 13 章

理解你的情绪

身体信号 176

你的情绪 177

　你的情绪如何变化 177

　为什么是我 178

第 14 章

管控你的情绪

放松练习 188

快速放松 189

身体运动 190

4-5-6 呼吸法 191

平静的意象 192

心理游戏 193

改善情绪 194

安抚自己 195

找个人聊聊 195

第 15 章

问题解决

为什么会出现问题 204

问题解决 205

分解目标 209

第 16 章

思维检查

行为实验 216

保持开放和好奇 218

调查和网络搜索 220

责任饼图 221

第 17 章

面对你的恐惧

小步骤 230

搭建恐惧之梯 231

面对你的恐惧 233

第 18 章

开始行动

忙碌起来 240

你做的事情和你的感受 241

改变你的活动内容和活动时间 243

做更多有趣的事情 244

第 19 章

保持良好的状态

哪些领悟和方法有帮助 251

将它们融入你的生活 253

练习 254

对挫折有预期 254

了解你的预警信号 255

注意困难的情形和事件 256

善待自己 257

保持乐观 257

何时需要求助 258

致　谢 263

参考文献 265

第1章

认知行为疗法：
理论起源、原理和技术

认知行为疗法（CBT）是一个通用术语，是对一大类别的干预措施的总称，这类疗法聚焦于认知、情绪和行为之间的关系与互动过程。CBT的总体目标是促进（治疗对象）对认知、情绪和行为三者重要作用的认识（Hofmann，Sawyer，and Fang，2010）。因此，CBT兼具认知理论和行为理论的核心要素，肯德尔和霍伦（Kendall and Hollon，1979）对其做出如下定义："CBT力图保留行为技术的功效，但同时能够在一种不那么教条的背景下，把儿童对事件在认知层面进行的解释与归因纳入考虑。"

> **CBT侧重于我们的思维（认知）、感受（情绪）和行为（行为）之间的关系。**

第一项证明CBT用于儿童和青少年有效性的随机对照实验出现于20世纪早期（Lewinsohn et al.，1990；Kendall，1994）。此后，更多的实证研究结果也支持了这一结论，CBT随之成为所有儿童心理疗法中得到最广泛研究的一种

（Graham，2005）。后续研究发现，CBT 对有着各类问题的儿童和青少年来说是有效的干预措施。CBT 针对以下问题进行干预的有效性得到了研究证实：焦虑障碍（James et al.，2013；Reynolds et al.，2012；Fonagy et al.，2014）、抑郁障碍（Chorpita et al.，2011；Zhou et al.，2015；Thapar et al.，2012）、创伤后应激障碍（Cary and McMillen，2012；Gillies et al.，2013）、慢性疼痛（Palermo et al.，2010；Fisher et al.，2014）和强迫症（Franklin et al.，2015）。在充足的研究与实证支持下，CBT 得到了英国国家卫生与临床卓越研究所（UK National Institute for Health and Clinical Excellence）及美国儿童和青少年精神病学学会（American Academy of Child and Adolescent Psychiatry）等机构的推荐，被用于治疗患有抑郁障碍、焦虑障碍、强迫症和创伤后应激障碍的青少年[①]。这些不断累积的实证基础也促使英国制订了国家级的 CBT 培训计划。该计划名为"心理治疗可及性提升"（Improving Access to Psychological Therapies，IAPT），其服务对象覆盖儿童和青少年群体（Shafran et al.，2014）。

> **CBT 是一种有实证研究支持的心理干预方法。**

▶ CBT 的理论基础

CBT 代表了一大类别的干预措施，这些干预措施的发展在时间上经历了三个主要阶段，又被称为三次理论浪潮。第一次浪潮是行为疗法，它直接关注行为和情绪之间的关系。行为疗法基于学习理论（learning theory），认为人可以学习

---

① 原文为"young people"，指作为心理治疗、心理咨询等助人服务对象的儿童、青少年、年轻的成年人个体或群体，除特别指出具体年龄阶段的，本书统一译为"青少年"。——译者注

新的行为，从而取代无益的行为。第二次浪潮是认知疗法，建立在行为疗法的基础上，它专注于发生的事件被赋予的主观意义和解释。认知疗法对认知之下存有的偏见发起直接挑战并对其进行检验，从而产生有益、平衡、功能良好的替代性思维方式。CBT 的第三次浪潮专注于改变我们与思维和情绪之间关系的性质，而非改变思维和情绪本身。思维和感受被视为不可避免的心理过程、认知过程，而不是现实的证据。第三次浪潮的理论包括接纳承诺疗法（Acceptance and Commitment Therapy，ACT）、慈悲聚焦疗法（Compassion Focused Therapy，CFT）、辩证行为疗法（Dialectical Behaviour Therapy，DBT）和正念认知行为疗法（Mindfulness-based Cognitive Behaviour Therapy，MCBT）。

▶ 第一次浪潮：行为疗法

对 CBT 的发展最早产生影响的研究之一就是巴甫洛夫的经典条件作用研究（Pavlov，1927）。巴甫洛夫指出，自然诱发的反应（如唾液分泌）如何通过重复匹配与特定刺激（如铃声）相关联（即形成条件作用）。这一实验表明，恐惧等情绪反应，可能会与特定事件和情境（看到很多蛇或到拥挤的地方）形成条件作用。

> 情绪反应与特定事件相关。

沃尔普（Wolpe，1958）将经典条件作用扩展到人类行为和临床问题领域，发展出系统脱敏疗法（systematic desensitisation）。他认为，将引发恐惧的刺激（如看到蛇）与产生对抗反应的第二种刺激（即放松）进行匹配，可以抑制恐惧反应。接受系统脱敏疗法治疗的人会在想象或实践中逐渐暴露于不同等级的恐惧情境下，同时练习如何保持放松。这一疗法现已被广泛应用于临床实践。

> **情绪反应是可以改变的。**

对行为疗法产生影响的另一项重要研究是斯金纳的研究（Skinner，1974）。斯金纳强调环境对行为的重要影响，这被称为操作性条件作用，强调条件（条件设定）、结果（强化）和行为之间的关系。从本质上讲，如果特定行为的出现频率提升是因为它产生了积极的结果或没有引发消极的结果，那么该行为就得到了强化。因此，改变行为的结果或引发行为的条件可以改变行为。

> **改变行为的结果或引发行为的条件可以改变行为。**

班杜拉的研究（Bandura，1977）和社会学习理论的发展指出了认知过程所起到的中介作用。除了环境的作用，认知在刺激和反应之间也起着重要的干预作用，行为疗法也因此得以拓展。该理论还表明，学习可以通过观察他人来实现，并提出了一种基于自我观察、自我评价和自我强化的自我控制模型。

▶ 第二次浪潮：认知疗法

行为疗法被证明非常有效，尽管也有一些批评的声音，认为它对所发生事件的含义和解释缺乏关注。这激发了人们对发展认知疗法的兴趣，因为认知疗法直接关注个体对事件进行认知加工和解释的方式，以及这些方式对个体的情绪和行为的影响。

这一阶段理论的发展深受艾利斯（Ellis，1962）和贝克（Beck，1963，1964）开创性工作的影响。艾利斯（Ellis，1962）开创了理性情绪疗法，它以认知和情绪之间的关系为核心。该模型提出，情绪和行为源于对事件的解释方式，而不是事件本身。因此，个体在激活事件（activating event，A）发生时，根据自己的信念（belief，B）对其进行加工，从而导致情绪结果（emotional consequence，C）的出现。信念可以是理性的，也可以是非理性的，消极情绪状态往往源于非理性的信念，并由非理性的信念所维持。

认知和情绪是相互关联的。

贝克在工作中发现，适应不良和扭曲的认知，在抑郁障碍的发展和维持中起着作用，他将相关发现写入《抑郁障碍的认知疗法》（*Cognitive Therapy for Depression*）一书（Beck，1976；Beck et al.，1979）。在贝克的模型中，当个体以消极和无益的方式解读和扭曲一个事件时，情绪问题就随着有偏差的认知加工出现了。这些有偏差的思维方式的基础是核心信念或图式。这些普遍、固定和僵化的思维方式是从童年时期发展起来的。当新的事件使人联想起早前让人发展出信念的事件，相关信念将被激活，相关信念一旦被激活，注意力、记忆和解释处理偏差就会过滤并选择支持这些信念的信息。注意偏差导致注意力集中在确认信念的信息上，而忽略中性或与之矛盾的信息。记忆偏差导致与信念一致的信息被回忆起来，而解释偏差则会将任何不一致的信息最小化。

有偏差的、歪曲的认知会产生不愉快的情绪。

固定信念一旦被激活就会产生一系列自动思维，这一水平的认知是人们最容易获取的。这些自动思维或"自我对话"代表了不自觉地在我们的脑海中快速流动的想法，它们对所发生的事件进行着持续的评论。这些自动思维往往是关于自我、世界和未来的，通常被称为认知三元组（the cognitive triad）。

信念在功能上与自动思维相关，有偏差的、扭曲的信念会产生消极的自动思维。消极自动思维的性质是自我批评的，会产生不愉快的情绪（如焦虑、愤怒），使人采取无益的行为（如社交退缩、回避）。

与功能失调的认知及与加工偏差相关的不愉快的感受和无益的行为同时又强化并维持了最初的信念，使个体陷入自我延续的消极循环。认知过程与情绪状态和心理问题之间的关系已得到充分证明（Beck，2005）。

干预旨在识别和挑战有偏差认知的具体内容和加工过程，以发展更多功能良好的、平衡的认知。这些新的认知反过来又会改善情绪，并减少人们行为上的回避和退缩。

> **认知偏差会产生不愉快的情绪并影响我们的行为。**

▶ 认知模型

以贝克理论为基础，图 1.1 中的模型呈现了功能失调的认知过程被习得和激活的方式，及其对行为和情绪的影响。

其理论假设之一是，早年经历和被养育的过程使个体发展出比较固定和僵化的思维方式，即核心信念或图式。每当当下发生的事件与使这些核心信念或图式产生的事件相类似，这些核心信念或图式就会被激活，形成一个人认识世界的框架。一个人将根据这些核心信念和图式评估新的信息和经验，并预测接下来会发生什么（即假设）。例如，"我是个失败者"这类核心信念，可能会被"参加考试"之类的重要事件激活。这可能会让个体形成一种假设，如"无论我多么努力，我都没法取得好成绩"。信念和假设会产生一系列自动思维。这些与个体自身（"我一定很笨"）、其表现（"我做不到"）及未来（"我永远不会通过这些考试"）有关。这些自动思维会影响个体的感受（如焦虑和不快等）和行为（如停止改进和

```
┌─────────────────────────────┐
│          重要事件           │
│    重要或反复出现的童年经历    │
└─────────────────────────────┘
              │
              ▼
┌─────────────────────────────┐
│          核心信念           │
│   强烈、普遍、僵化的思维方式    │
└─────────────────────────────┘
              │
              ▼
┌─────────────────────────────┐
│           被激活            │
│  当下发生的事件与使核心信念产生  │
│  的事件相类似，核心信念被激活   │
└─────────────────────────────┘
              │
              ▼
┌──────────┐   ┌─────────────────────────────┐
│          │   │           预测            │
│   强化    │   │   核心信念引发对未来的预测     │
│          │   └─────────────────────────────┘
└──────────┘              │
                          ▼
            ┌─────────────────────────────┐
            │          预测触发           │
            │          自动思维           │
            └─────────────────────────────┘

            ┌──────────────┐
            │   消极循环    │
            └──────────────┘

┌─────────────────────┐         ┌─────────────────────┐
│   影响我们的行为      │◄──────►│   影响我们的感受      │
└─────────────────────┘         └─────────────────────┘
```

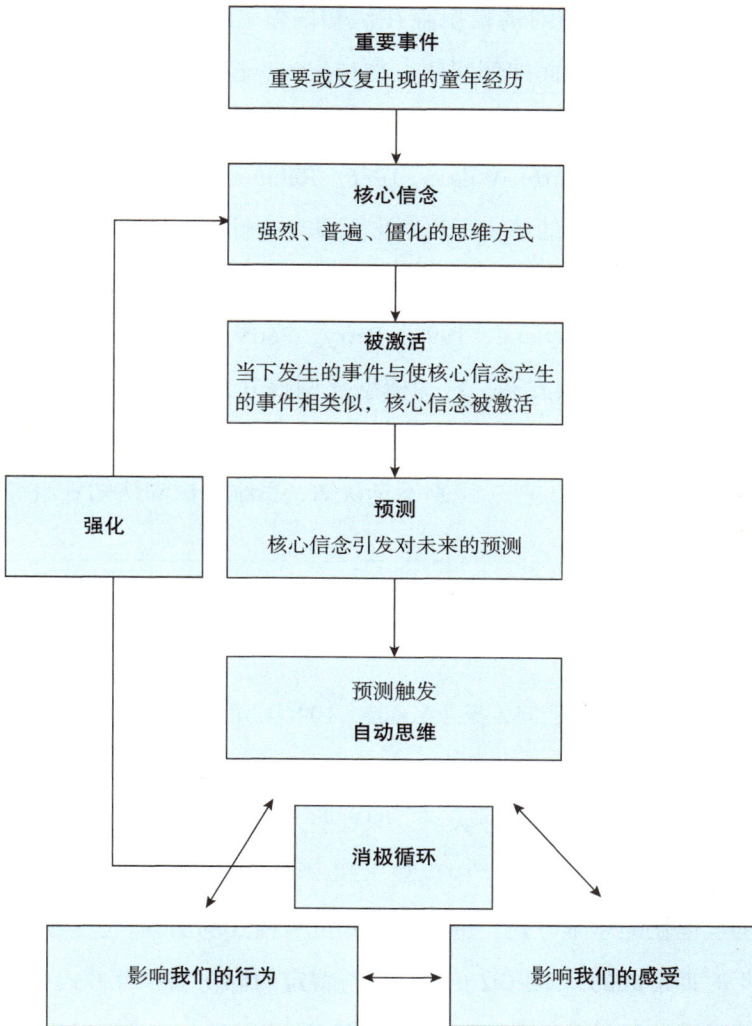

图 1.1　认知模型

丧失动力），进而强化"我是个失败者"的原始信念。

除了对认知不同层级的理解，CBT 还关注认知的具体内容，以及认知加工缺陷和偏差的本质。这涉及认知特异性假设，即特定的认知处理缺陷和偏差与特定的情绪问题有关。这些认知缺陷和偏差互不排斥，但存在一些总体趋势（Garber and Weersing，2010）。一般来说，焦虑的青少年往往对未来、个人威胁、危险、脆弱和无力应对的情况存在认知偏差（Schniering and Rapee，2004；Muris and Field，2008）。而抑郁问题往往与失去、匮乏和个人失败的认知有关，对相关事件的反刍往往会导致绝望感的增加（Kendall，Stark，and Adam 1990；Leitenberg，Yost，amd Carroll-Wilson，1986；Rehm and Carter，1990）。具有攻击性的青少年倾向于在模糊的情境下识别出更具攻击性的意图，在判断他人行为意图时选择性地关注更少的线索，并且更少通过言语沟通解决问题（Dodge，1985；Lochman，White，and Wayland，1991；Perry，Perry，and Rasmussen，1986）。

针对认知歪曲的干预方案，认知模型强调提升青少年对有偏差或无益的认知、信念和图式的觉察，并帮助他们理解认知对行为和情绪的影响。干预方案中通常包含某种形式的自我监控、识别不良认知、思维测试和认知重组等内容。

> **挑战和改变认知可以改善情绪。**

作为以上理论发展的延伸，扬（Young，1994）开创了图式聚焦疗法（Schema-Focused Therapy），服务于对传统 CBT 没有反应或在接受传统 CBT 后复发的人群。图式聚焦疗法基于这样一种认识，即有些人似乎会发展出终生自我挫败的行为模式，这种行为模式会在一生中反复出现。扬认为，早期适应不良的图式，即根深蒂固的、僵化的思维方式，造成了这些行为模式的出现。这些适应不良的图式是在童年时期形成的，难以改变，它们与特定的创伤和养育方式有关。如果孩子的基本情感需求没有得到满足，就会发展出这些图式。实证研究已发现 15 种主要的图式（Schmidt et al.，1995），随后的研究确定了青少年和年仅 8 岁的儿童存在认知图式（Rijkeboer and Boo，2010；Stallard，2007；Stallard and Rayner，2005）。图式聚焦疗法更加关注过去，强调理解终生存在的模式，而非特定的情况和事件。

> **适应不良的认知图式和信念是在童年时期发展起来的。**

▶ 第三次浪潮：接纳、慈悲和正念

虽然在第二次浪潮中，认知疗法和行为疗法已被证明非常有效，但它们并不适用于所有人。对有些人来说，对认知过程发起主动挑战、重评是简单易行的。但也有许多研究发现，认知的改变不一定与改善情绪健康的结果相关。情绪的变化并非直接且明确地随着挑战认知内容而产生。这带来了 CBT 理论发展的第三次浪潮，其重点是改变个体与其自身内部事件之间关系的性质，而不是主动改变其认知的内容。这些疗法将帮助个体发展出促进健康和福祉的技能，并将它们整合到日常生活中。

第三次浪潮中的行为和认知疗法是基于经验的、以原则为中心的方法，充分考虑了心理现象出现的情境和功能，而不仅仅是它们的形式，因此倾向于强调基于情境和经验的改变策略，而非更加直接或说教的方式（Hayes，2004）。

> **想法和感受是持续的心理事件，而不是现实的表达。**

接纳承诺疗法（ACT）由史蒂文·海斯（Steven Hayes）发展起来，使用接纳和正念策略来面对、体验与接受令人不愉快的想法和感受（Hayes, Strosahl, and Wilson 1999；Hayes et al., 2006）。通过这个过程，青少年将学着接受以下观点：容忍和耐受不愉快的经历、情绪和想法，而不是将它们视为无法忍受或必须改变的。

ACT 利用六个核心心理过程来促进心理灵活性的发展，即无需防御即可与此时此地和内在体验连接的能力。第一，接纳，即积极地拥抱此时此地正在发生及将持续发生的内在体验。第二，认知解离（cognitive defusion），即通过改变引发特定经历的情境，来减少其影响。通过学习，个体可以克服希望改变想法和情绪的自然倾向，而仅仅把它们作为思想和感觉予以接纳。第三，灵活地关注当下，即个体通过使用基于正念的技术，将注意力集中于正在发生的内部和外部事件，而不对其进行评判。第四，以己为景，即帮助个体发展他们的自我形象。第五，价值认定，即识别生活中对自己重要的那些方面，这些价值为激励和指导未来的行动提供了一个持续的框架。第六，承诺行动，也就是承诺朝着价值认定的方向迈进，同时不断练习接纳、认知解离和关注当下。

> **接受出现的想法和感受，而不是试图改变或消除它们。**

慈悲聚焦疗法（CFT）试图了解个体的心理是如何运作的，该疗法起源于这样一个发现，即具有严厉自我批评倾向和高水平羞耻感的人很难友善地对待自己。吉尔伯特（Gilbert，2014）认为，这是由担负保护、激励和安抚功能的基本情绪进化系统中所存在的不平衡造成的。这些基本系统（"旧大脑"）劫持了我们后来发展起来的，具有想象、推理和反刍功能的元认知系统（"新大脑"）。当我们的认知过程注意并觉察到威胁时，"旧大脑"的保护和驱动系统就会占据主导地位。这时，我们"通过抑制不愉快的情绪或激发积极的情绪来安抚自己"的能力会受到损害，导致我们难以感到安全，也难以对自己感到满意。

CFT 侧重于帮助个体感到安全，培养其自我安抚的能力，并用自我友善取代自我批评（Gilbert，2007）。在富有慈悲心的思维训练中，个体将创造出更加温暖、友善的感受，同时发展出更好的自我安抚方式。富有慈悲心的关注帮助个体觉察自己的想法和情绪，并专注于自身的优势、积极的技能和善举。富有慈悲心的推理，帮助个体发展出更平衡、更友善、更灵活的思维方式，让自我批评被富有慈悲心的方式所取代。富有慈悲心的行为鼓励个体以有益的方式采取行动，如面对可怕的事件或善待自己。富有慈悲心的意象帮助个体建立积极的自我形象，肯定对其重要的价值观。富有慈悲的感受有助于个体关注和体验来自他人的善举。

> **学会自我照顾，友善而富有慈悲心。**

另一项最近的理论发展是辩证行为疗法（DBT）。该疗法由玛莎·莱恩汉（Marsha Linehan）开创，用于改变无益和破坏性的行为模式（Linehan，1993）。其理论前提是，心理问题是由情绪调节技能的缺陷引发的，所以改善对导致高情绪状态触发因素的认识，发展一系列应对压力、调节情绪和改善人际关系的技能，便可以使问题得以解决。

DBT 假设一切事物都是由对立的两极构成的，正如接受和改变之间的关系，而它们都是提高情绪调节和痛苦耐受能力的必要条件。因此，我们既要接受令人痛苦的事件、想法和感受，也要改变自身应对它们的行为方式。为了实现这一目标，DBT 着重于培养正念、对痛苦的耐受、情绪调节和人际效能等核心领域的技能（Koerner，2012）。正念帮助个体以非评判的方式觉察、接纳和耐受强烈的不愉快情绪，而不是被它们淹没。这有助于个体就如何应对做出明智的决定，并通过转移注意力、自我安抚等技术更好地耐受痛苦。这一疗法主张个体应学会耐受痛苦，而不是试图改变引发痛苦的情境或事件。另外，提高个体对情绪信号、触发事件和问题解决的觉察能力，其情绪调节能力就会得以改善。最后，提升人际效能、发展人际策略有助于个体保持自信，有效应对人际冲突。

> **接纳和耐受痛苦，管理情绪，提高人际效能。**

最后一项理论发展是正念认知行为疗法（MCBT），以乔·卡巴金（Jon Kabat-Zinn）开创的工作为基础，由津德尔·西格尔（Zindel Segal）、马克·威廉姆斯（Mark Williams）和约翰·蒂丝代尔（John Teasdale）发展起来。这一疗法融合了佛教冥想技巧，通过积极地将注意力集中在当下来发展认知觉察能力。通过好奇的、非判断性的观察及对思维和感受的接纳，认知和情绪被体验为持续存在的和过程性的心理事件。通过提升觉察能力，个体能够更好地处理自己的想法和感受。该疗法的重点不在于改变想法的内容，而是将想法作为与自我分离的内部事件来体验，并以非评判性的方式接纳它们（Segal，Williams，and Teasdale，2002）。

> **以一种好奇、非评判性的方式将注意力集中于当下。**

▶ CBT 的核心特征

尽管 CBT 是描述一系列不同干预措施的总称，但这一类干预措施仍具有许多一致的核心特征。

CBT 有坚实的理论基础

CBT 基于实证可检验的模型。强有力的理论模型为 CBT 提供了逻辑依据（即认知与情绪问题相关），并为干预的实施指引方向（即改变认知或个体与认知之间的关系）。因此，CBT 提供了一种理论上聚合的、理性的干预方式，而不仅仅是许多不同技术的集合。

CBT 基于协作模型

CBT 的一个关键特征是它的协作过程。青少年在寻找目标、设定目标、实验、练习和监控自身表现方面发挥着重要作用。CBT 提供支持性的框架，促进青少年更好、更有效地进行自我控制。治疗师需要与青少年建立一种合作的同盟关系，为青少年赋能，使他们能够更好地理解自身的问题，并发现替代性的思维与行为方式。

CBT 是有一定时限的

CBT 的疗程通常较短，有一定的时间限制，会谈次数通常不超过 16 次，很多时候，会谈次数远少于此。干预的短程特点强调了接受治疗者的独立性并鼓励其自助能力的发展。这种模式刚好适用于青少年群体，通常针对青少年的干预，其时长比针对成年人的短得多。

CBT 是客观和结构化的

作为一种客观和结构化的方法，CBT 通过评估、问题形成、干预、监测和评估的过程对青少年予以指导。干预的总体目标与具体目标将得到明确的定义，并定期得到回顾。CBT 强调量化和对评分的使用，例如，不当行为的频率、对信念的相信程度或经历痛苦的程度，等等。CBT 通过定期的监测和回顾，将当前的表现与基线水平进行比较，从而评估已经获得的进展。

CBT 聚焦于此时此地

CBT 聚焦于当下，强调处理当前面临的问题和困难。这类疗法并不寻求"揭示无意识的早期创伤，抑或生物、神经或遗传因素对心理功能障碍所产生的影响，而是努力建立一种新的、更具适应性的方式来应对这个世界"（Kendall and Panichelli-Mindel，1995）。这种方法对青少年来说具有很高的表面效度。青少年群体可能对解决实时的、此时此地的问题更感兴趣，也更有动力，而非了解问题的起源。

CBT 基于引导式自我发现和实验过程

CBT 是一个鼓励对自我提问、发展并学习新技能、实践新技能的过程。青少年不仅仅是治疗师建议或观察的被动接受者，而是具有能动性的个体。治疗师鼓励青少年自己进行实验，从而进行观察和学习，探究思维和感受之间的关系，探索如何改变自己思维的内容，或者如何改变自己与思维之间的关系。

CBT 是一种以技能为基础的方法

CBT 提供了一种实用的、基于技能的方法，帮助青少年学习新的认知和行为模式。CBT 鼓励青少年在日常生活中练习治疗过程中所讨论的技能和方法，家庭练习任务是许多治疗项目的核心要素。这样的方式为确定什么是有用的及如何解决潜在问题创造了机会与可能性。

> CBT 有坚实的理论基础。
>
> 它是基于积极协作的模型。
>
> 它是短程且有一定时限的。
>
> 它是客观和结构化的。
>
> 它聚焦于当前的问题。
>
> 它鼓励自我发现和实验。
>
> 它提倡以技能为基础的学习方式。

▶ CBT 的目标

CBT 的总体目标在于改善当前的身心健康（well-being）、提升心理韧性（resilience）和增加对未来的应对能力（future coping）。这是通过提高自我意识、改善自我控制及（通过促进有用的认知和行为技能）提高自我效能来实现的。CBT 是使青少年从功能失调的循环走向功能协调的循环的过程，如下图所示。

CBT 有助于减少青少年的思维（认知）对其感受（情绪）和行动（行为）的负面影响，可以通过让他们主动关注其认知的内容，或者改变他们与其认知之间关系的性质来实现。

■ 如果治疗专注于认知的内容，那么治疗师要鼓励青少年观察和识别常见的功能失调的思维和信念，这些思维和信念主要是消极的、有偏见的或自我批评的。通过自我监控、教育和实验的过程，青少年将检测这些想法和信念，并代之以更加平衡且功能良好的认知。与旧的认知不同，在新的认知下，青少年能够识别自己的成功与优势。

■ 如果治疗专注于青少年自身与认知之间的关系，那么治疗师要鼓励他们与自己的想法保持距离，并以一种好奇、非判断性的方式观察这些想法，将其视为过程性的认知活动。这一取向鼓励青少年通过正念保持对此时此地的关注，接纳自己和生活中发生的事件。

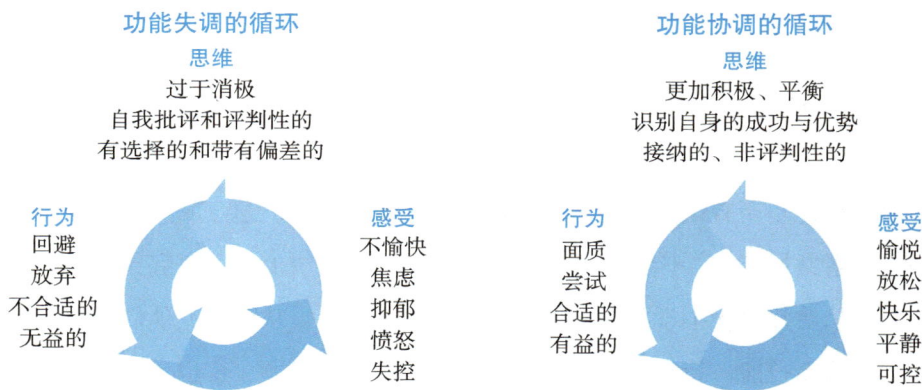

功能失调的循环
思维
过于消极
自我批评和评判性的
有选择的和带有偏差的

行为
回避
放弃
不合适的
无益的

感受
不愉快
焦虑
抑郁
愤怒
失控

功能协调的循环
思维
更加积极、平衡
识别自身的成功与优势
接纳的、非评判性的

行为
面质
尝试
合适的
有益的

感受
愉悦
放松
快乐
平静
可控

▶ CBT 的核心要素

　　CBT 包含一系列可用于不同排列组合的技术与策略。正是这种灵活性让 CBT 可以针对特定问题或青少年的需求量身定制，而不是以标准化的"烹饪书方式"（cook book approach）被实施。此外，正因为 CBT 囊括了各种丰富的技术，所以它既可用于增强应对能力和心理韧性的预防类项目，也可用于减少心理痛苦的干预类项目。

尽管 CBT 的第二次浪潮（即检测和挑战认知内容与过程）和第三次浪潮（即改变自己与认知之间关系的性质）的主要着眼点不同，但这些疗法都包含了许多不同的方法和技术。

心理教育

所有认知行为治疗项目的一个基本组成部分就是关于 CBT 的理论知识及思维、感受和行为三者之间关系的心理教育。这个过程包括对人们的思维方式、感受方式和行为方式之间的关系形成清晰和共同认可的理解。此外，心理教育同样强调 CBT 的协作过程，强调练习与实验的积极作用。

价值观与各级目标

CBT 可能涉及识别重要的个人价值观。这样做能使治疗保持对未来的关注，被识别出的价值观亦可作为框架用于激励和指导行为，从而取得成就。

目标设定是所有认知行为治疗项目固有的组成部分。治疗的总体目标由治疗师与参与者共同商定，该目标是可以客观评估的。系统地使用家庭作业可以鼓励青少年将从治疗会谈中学到的技能迁移到日常生活中，从而帮助他们在现实生活情境中练习新技能。特定目标的实现情况将得到定期回顾，这也为治疗取得的进展提供了参考。

接纳和承认优势

CBT 帮助个体看到事物的全貌，使其认清自身具有的优势和所获得的成就。认清自身优势可以为个体赋能，使其更好地应对未来的挑战和问题。CBT 还强调接纳，无须不断地试图改变无法控制的事情，而是接受事物本来的样子。

思维监测

CBT 中的一项关键任务是更好地理解常见的认知内容，这是通过观察并监测认知和思维模式实现的。思维监测关注核心信念、消极自动思维及功能不良的假设的具体内容，以识别过度消极、过度自我批评、引发强烈情绪反应的部分。或者，治疗师鼓励青少年通过观察了解自己的认知对情绪的影响。

识别认知歪曲与认知缺陷

思维监测让青少年得以识别常见的消极或无益的认知、信念或假设。识别这些认知内容反过来能够帮助青少年识别自身存在的各种性质与类型的认知歪曲（如放大和仅关注消极信息）和认知缺陷（例如，将其他线索错误地解释为消极的，有限的问题解决技能）及其对自身情绪与行为产生的影响。

思维评估与发展替代认知过程

在识别了功能失调的认知过程后，青少年需要对这些假设和信念进行系统的检验和评估并学习可以替代它们的认知技能。CBT 鼓励青少年发展平衡的思维，进行认知重建。这可能涉及寻找新信息、从他人的角度思考问题或寻找自相矛盾的证据，从而使功能不良的认知得以修正。

对思维进行评估后，青少年便有机会发展出替代性的、更平衡的和功能良好的认知，新的认知让青少年承认困难的存在，但也认可自身的优势与成功。

发展新的认知技能

CBT 包括发展新的认知技能，例如，分散注意力的技能，即将注意力从增加焦虑的刺激转向更中性的任务。认知应对则可以通过使用积极的自我对话和自我指导训练来得到提升。此外，培养结果导向的思维方式和解决问题的技能也有助于青少年拓展替代的思维方式，更好地应对挑战。

正念

CBT 可能会发展诸如正念一类的认知技能，即将注意力非评判性地聚焦于当下。正念并不关注我们如何对想法做出反应，也不试图改变我们的想法或感受。但正念能够帮助我们抱着好奇心觉知自身内部的心理过程。这反过来还能减少我们对未来事件的消极认知预测及对过去事件的反刍。

情绪教育

许多 CBT 项目涉及情绪教育的内容，旨在识别和区分愤怒、焦虑或不快乐等核心情绪。此类项目可能会关注与这些情绪相关的生理变化（如口干、手部出汗和心率加快等），以便帮助青少年更好地觉察每种核心情绪的独特表现。

情绪监测

对强烈情绪或主导情绪的监测可以帮助青少年识别与愉快或不愉快的感受相关的时间、地点、活动和想法。治疗师将使用各类量表来评估青少年在现实生活中和治疗会谈期间的情绪强度。这也为监测表现和评估变化提供了一种客观的方法。

情绪管理

学习新的情绪管理技能能够帮助青少年更好地耐受痛苦，更有效地管理情绪。情绪管理可能包括渐进式肌肉放松、呼吸控制、平静意象、自我安抚或分散注意力等技术。

提升对自身独特情绪模式的觉察有助于青少年形成相应的预防策略。例如，对愤怒积累过程的觉察可以使青少年在情绪发展的早期便中止其进程并防止带有攻击性的情绪爆发。同理，在日常生活中养成有益的习惯也可以帮助青少年防止未来生活中问题的出现。

活动监测

活动监测可以帮助青少年更好地认识"我们所做的事情"与"我们的感受和行为方式"之间有何联系。这有助于青少年更好地理解自己所做的事情、某些活动或事件是如何与不同的情绪和思维相关联的。

行为激活

完成活动监控后，治疗师可以进行行为激活，从而鼓励青少年变得更加活跃。例如，增加能够创造乐趣、邀请他人参与、产生成就感或促成身体运动的活动。这些活动可能会对情绪产生积极影响。

重新安排活动

重新安排活动鼓励青少年多参与能带给他们愉快情绪的活动。重新安排活动是指把能够积极提升情绪的活动安排在当前与强烈的不愉快情绪相关的那些日子或时间里。

技能培养

结构化的问题解决过程可以为青少年直面和应对挑战提供有用的框架，而不是采取推迟或回避决策。许多 CBT 干预措施还强调提高青少年的人际效能，途径是提高他们解决冲突的技能、表达自我主张的技能及发展和维持友谊的技能。

行为实验

CBT 以引导式发现的过程为基础。在此过程中，假设和想法会得到挑战和检测。一种有效的方法是通过设置行为实验，客观地进行检验。行为实验可以帮助青少年检测自己对事情的预测和想法是否总是正确的，发现事件的替代性解释，看到如果采取不同的行动可能会发生什么。

恐惧等级和暴露

CBT 计划的核心目标之一就是鼓励青少年面对并学习如何应对具有挑战性的情境或事件。这一目标可以通过渐进式暴露（graduated exposure）的方法得以实现。采用这一方法时，问题将被确切定义，整体任务将被分解为更小的步骤，然后每个步骤都将按其难度以递增的等级排序。青少年将在现实或想象中从难度最低的步骤开始，逐步接触不同等级中的每一个步骤。一旦成功完成一个步骤，他们就会进入下一等级的步骤，在等级结构中逐步递进，直至问题得到解决。

角色扮演、示范、暴露和演练

新技能和新行为的学习可以通过多种方式实现。角色扮演提供了一个机会，可用于练习处理困难或具有挑战性的情境（如应对被人逗弄）。通过角色扮演，青少年可以识别自己具备的积极技能，发现替代性的解决方案，或者学习新技能。技能提升（skills enhancement）可以促进青少年获得新技能和发展新行为的过程。青少年可以先观察其他人示范适当的行为或技能，然后在自己的想象中演练新行为或新技能，然后进行暴露，最后在现实生活中加以练习。

自我强化和奖励

所有 CBT 治疗方案的一大基石就是正强化和对努力的认可。青少年需要自我关怀并重视自身所做出的努力。关于这一点，青少年可以通过自我强化的方式付诸实践。自我强化可以是认知上的（例如，对自己说，"干得好，我很好地应对了这种情况"）、物质上的（例如，给自己买一张特殊的 CD），抑或安排某些活动（例如，特别放松地泡个澡）。强化应当基于自己的努力和尝试做事本身，而不是基于取得成功的结果。

以上所列举的诸多内容为治疗师提供了丰富的 CBT 技术工具箱，供治疗师灵活地在与青少年工作时选择和使用。

> CBT 提供了丰富的技术与方法，可被灵活用于提升有益的认知、情感和行为技能，从而帮助人们提升自我觉察、改善自我控制和提高个人效能。

▶ 治疗师工具箱

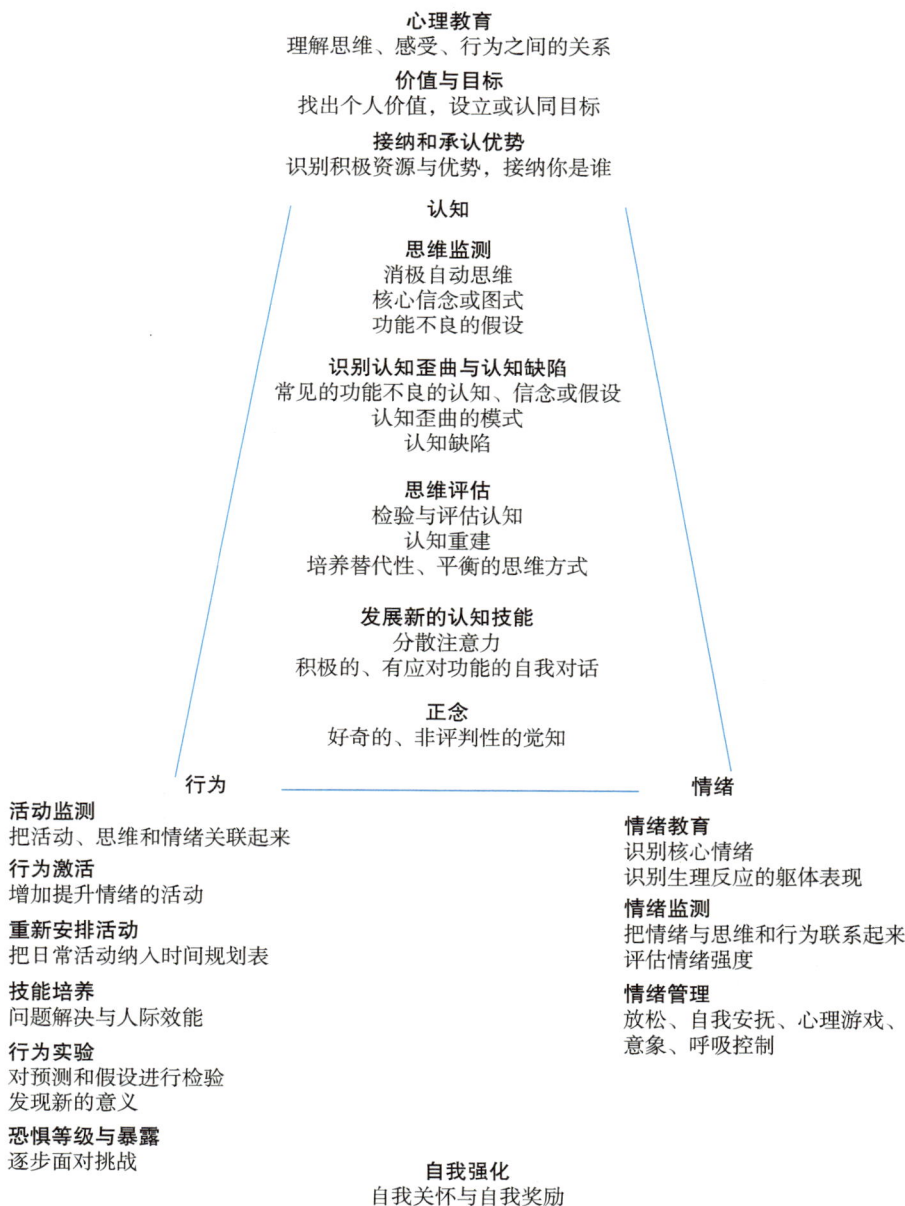

心理教育
理解思维、感受、行为之间的关系

价值与目标
找出个人价值，设立或认同目标

接纳和承认优势
识别积极资源与优势，接纳你是谁

认知

思维监测
消极自动思维
核心信念或图式
功能不良的假设

识别认知歪曲与认知缺陷
常见的功能不良的认知、信念或假设
认知歪曲的模式
认知缺陷

思维评估
检验与评估认知
认知重建
培养替代性、平衡的思维方式

发展新的认知技能
分散注意力
积极的、有应对功能的自我对话

正念
好奇的、非评判性的觉知

行为　　　　　　　　　　　　情绪

活动监测
把活动、思维和情绪关联起来

行为激活
增加提升情绪的活动

重新安排活动
把日常活动纳入时间规划表

技能培养
问题解决与人际效能

行为实验
对预测和假设进行检验
发现新的意义

恐惧等级与暴露
逐步面对挑战

情绪教育
识别核心情绪
识别生理反应的躯体表现

情绪监测
把情绪与思维和行为联系起来
评估情绪强度

情绪管理
放松、自我安抚、心理游戏、
意象、呼吸控制

自我强化
自我关怀与自我奖励

第2章

认知行为疗法的过程

认知行为疗法（CBT）建立在合作经验主义（collaborative empiricism）的指导性原则之上，依据该原则，治疗师与青少年共同工作，以帮助青少年形成新的理解和应对方法。这将通过引导式发现（guided discovery）的过程实现，在此过程中，青少年被鼓励进行实验，并对自身的认知保持开放和好奇的态度。这可以帮助青少年与自己的认知建立一种新的关系，并学会质疑自己赋予事件的意义。这个过程是积极、赋能的，因为青少年会发现新的认知技能和认知过程。

► 治疗过程

CBT 是在稳固的治疗关系的基础上进行的，这种关系建立在温暖、共情和理解之上（Beck et al., 1979）。这种治疗关系是开放、真诚、非评判性的，同时，青少年会与治疗师积极地共同工作。

治疗关系中有许多具体方面都很重要。克里德（Creed）和肯德尔（Kendall）指出了合作的重要性，青少年与治疗师像一个团队一样，针对彼此认可的目标共同工作，并且青少年要积极地参与治疗（Creed and Kendall, 2005）。治疗师的灵活性和创造性也很重要，这包括通过游戏或角色扮演等多种形式呈现想法与概念，适当地迎合青少年的兴趣，使会谈有吸引力、充满活力（Chu and Kendall，2009）。与冷漠、高高在上或强迫青少年谈论令人不适情绪的治疗师相比，温暖、积极、共情的治疗师能与青少年建立更好的关系（Russell，Shirk，and Jungbluth，2008）。良好的治疗关系与更多的参与、更强的动机和更好的治疗结果相关（Chiu et al.，2009；McLeod and Weisz，2005；Shirk and Karver，2003；Karver et al.，2006；McLeod，2011）。

CBT 治疗过程的另一个重要方面是合作探究，以使青少年"成为自己思维的科学研究者"（Beck and Dozois，2011）。治疗师要特别注意促进反思性、探究性的方法，因为青少年常常更习惯于接收信息和答案，而不是发现他们自己的解决方法。最后，许多研究者都强调，CBT 需要适应青少年的发展水平（Stallard，2003；Friedberg and McClure，2015），这也反映在针对儿童和青少年的不同版本的 CBT 项目中（Barrett，2005 a,b）。这就要求 CBT 的设置与青少年的认知、情感、言语和推理能力相匹配。

斯托拉德（Stallard，2005）定义了对青少年开展治疗过程中的关键要素，首字母缩写为 PRECISE。

P——合作关系（Partnership）。这一点强调 CBT 的合作本质及治疗性合作关系的重要性，这种合作关系使青少年在做出改变的过程中扮演主动的角色。

R——针对特定发展水平（Right developmental level）。治疗师需要特别注意青少年的发展水平，以确保干预与他们的认知、语言、记忆和观点采择能力相一致。如果干预远高于青少年的发展水平，青少年将无法理解模型；如果干预远低于青少年的发展水平，青少年会认为治疗师是高高在上的，并且感到自己的能力被低估。

E——共情（Empathy）。治疗师要重视建立和维持基于温暖、真诚、关心和尊重的关系。积极倾听（active listening）、反馈和总结等重要的人际技能可以促进关系的建立。

C——创造性（Creativity）。治疗师要意识到自己需要变得灵活和有创造性，运用与青少年的兴趣和经历相匹配的方式传达 CBT 的概念。

I——探究发现（Investigation）。鼓励好奇、开放、探究的态度，通过苏格拉底式对话和行为实验对想法、感受和行为进行客观的评估。

S——自我效能感（Self-efficacy）。在治疗过程中，治疗师应该鼓励青少年进行自我反思和自我发现。这可以为青少年赋能，以更好地理解他们的认知，并发现更有益的方法来加工这些认知。

E——参与感和趣味性（Engagement and enjoyment）。最后，治疗过程应该是有趣、吸引人参与的，这样青少年才能保持兴趣、动机及对改变的承诺。

> **CBT 基于稳固、共情的关系，鼓励开放、好奇的态度及自我发现。**

▶ CBT 的阶段

治疗师将引导青少年经过多个治疗阶段，每个阶段都有不同的主要目标。每个阶段所花费的时间取决于青少年的需要。

关系建立和参与感

这是 CBT 的初始阶段，因此主要关注点将放在建立治疗性的合作关系上，并且让青少年参与到改变的过程中。这个阶段尤其重要，因为青少年很少依照自己的意愿寻求帮助。通常来说，他们是被他人发现需要帮助，而他们自己可能并没有发现或不承认自己有任何问题，并且在最开始表现得毫无动力或对治疗不感兴趣（McLeod and Weisz，2005；Creed and Kendall，2005；Shirk and Karver，2003）。

参与感可以通过积极倾听和共情等人际技能来培养。积极倾听传达出兴趣，体现了治疗师对青少年的尊重和理解，同时，共情显示出治疗师能理解青少年的感受。开放的、非评判性的态度将强化这种关系，青少年的困难和潜在的矛盾心理可以得到肯定和承认。

如果治疗师关注青少年希望改变他们的生活的想法，就可以增强他们参与 CBT 的动机。焦点解决短期治疗（solution-focused brief therapy）中的奇迹问题（miracle question）可以帮助青少年聚焦于未来，而不是始终被他们当下的问题阻碍（de Shazer，1985）。奇迹问题要求青少年思考如果他们当下面临的问题都得到了解决，生活会有什么不同。

想象你今晚睡觉时有奇迹发生，你所有的问题都解决了。当你第二天醒来时，你会注意到什么进而发现生活突然变得更好了？

一旦青少年在某种程度上做出改变的承诺，治疗师就需要和他们协商并定义明确的目标。制定目标时可遵循 SMART 原则，即具体的、可测量的、可实现的、相关的、有时限的。一个好的目标应该是具体的，例如，"每周给我的朋友乔打两次电话"就是具体的，"变得更合群"就是概括和模糊的。当有具体的目标时，治疗师和青少年就更容易知道需要达成什么，同时，具体的目标（如"每周两次"）使青少年能够客观地衡量他们的进步。成功完成有意义的目标将会增强动机。目标不应该太高以致难以实现。目标也应该与青少年的生活相关，与他们生活的重要方面相联系。最后，为了维持动机，目标需要在一个实际的时间范围内达成。

调动青少年的积极性让他们参与治疗是进入 CBT 后续阶段的先决条件。因此，治疗师在激发青少年"去试一试"的承诺时，要展现出开放、理解、积极和充满希望的态度。

心理教育

心理教育即为青少年提供信息，主要聚焦于以下三个方面。

首先，青少年要在 CBT 实施过程中社会化，特别是了解合作经验主义的概念。治疗师在解释关系的合作本质的同时，要提供一个能让青少年反思他们自身经历的结构和框架。需要特别强调的是，在检验思维、实施实验，以便发现会发生什么及什么方法有效的过程中，青少年扮演着主动的角色。同样需要强调的是，治疗师需要放下评判性的态度，采用开放和好奇的态度，并突出青少年的成长。

其次，青少年要学习认知模型。治疗师要提供有关事件、想法、感受和行为之间关系的信息，并强调认知在决定他们的感受和行为时的核心作用。这提供了CBT 的理论依据，即让个体通过苏格拉底式提问或接纳来理解自己的想法并改变其与思维的关系。通过建立更有益的认知过程，青少年的感受将会得到改善，并且能够直面具有挑战性的情境，应对他们面临的问题。

最后，治疗师需要强调 CBT 对缓解许多情绪问题的有效性。治疗师要保持乐观、充满希望，但不可以保证 CBT 总是会成功或适合每个人。

心理教育的前两个方面主要在干预的初始阶段进行，但将会在干预的进程中经常被反复提起。实际上，强调认知模型为干预提供了理论依据，并且有助于解释工作的焦点。

在上述内容之外，关于特定情绪问题的心理教育也是必需的。例如，焦虑的青少年可能需要关于"战或逃"反应的信息，包括伴随焦虑而产生的躯体生理变化。同样，了解低落情绪、抑郁的信息，了解在饮食、睡眠、注意力及社交退缩方面的生理变化，可以帮助青少年理解他们的经历。心理教育可以以合作的方式进行，如鼓励青少年使用互联网搜索具体的问题。

提升自我觉察和自我理解

在这个阶段，青少年被鼓励觉察自己的认知、情绪和行为，并且使用 CBT 的框架来理解它们之间的关系。这可以通过自我监测来实现，例如，青少年用写日记或记录等方式识别让自己感到难以应对的情境或事件。例如，在不同方法的帮助下，青少年可以通过留意带来强烈情绪反应的"热思维"（hot thought）更多地觉察自己的想法。日记和电子日志可以帮助他们识别并理解不同类型的认知（有益和无益的思维）、认知加工偏差（思维陷阱）及常见的功能不良思维。

自我理解也可以通过行为实验来培养。在行为实验中，青少年可以客观地检验自己的认知。行为实验可以被用于检验自己的信念或假设是否总是真的，或者发现如果自己表现得不一样会发生什么。另一种类型的实验，即调查，可以帮助青少年发现新信息，并用来重新评估他们对事件的理解和赋予事件的意义。

每次实验都为青少年提供了自我反思的机会，并且可以培养他们的洞察力和理解力。青少年可以通过暴露任务直面恐惧情境，这可能帮助他们发现焦虑会随着时间的推移而减轻。行为实验也可以帮助抑郁的青少年变得忙碌，从而让他们明白自己做些什么可以让自己感觉更好。

最后，自我觉察可以带来面对生活的新态度。例如，正念有助于青少年提高对自己思维和情绪的觉察，学习以一种非评判性的方式观察它们，这可以帮助青少年理解过去经历中的思维和情绪，并且不必做出反应或与之争辩。

培养并提升技能

除了提升自我理解和自我觉察，CBT 也能够培养新的认知、情绪和行为技能。就认知而言，青少年可以学习挑战特定认知或认知加工偏差的新技能。他们也可以学会留意自己的认知，将它们看作暂时的想法并接纳它们，而不是把它们看作现实的证据。青少年可以学会珍视自己原本的样子，而不是表现得消极、自我批评。他们将能够接受并原谅自己的错误，在发展出另一种生活方式的同时用更友好的方式和自己对话。

情绪技能可以让青少年更好地管理不愉快的情绪。通过放松训练、呼吸控制技巧或令人平静的意象，治疗师可以建立情绪技能的工具箱。重新安排活动可被用于减轻不愉快的情绪的强度或降低其频率，自我安抚技术则有助于面对和耐受痛苦。

就行为而言，干预可以让青少年形成更具适应性的行为，从而强化问题解决技能、社交技能和个人效能，如坚持主张和协商。这也可以包括诸如角色扮演、观察练习、分级暴露、行为激活或反应预防等技巧。最后，治疗师要鼓励青少年庆祝他们的成就。

巩固

在学习之后，新的技能需要练习并整合到青少年的日常生活中。

尽管技能可能在运用于会谈时有所帮助，但它们需要在真实的生活情境中得到检验。尤其是在干预的后期，在青少年建立对日常生活的不同态度时，这一点尤为重要。这可以通过使用经过青少年同意的、会谈之外的家庭作业来实现。经过练习，青少年可以学会新技能并对情境做出不一样的反应。

退回到原有的习惯是一种非常自然的趋势，因此，治疗师需要鼓励青少年在明确规定的时间段内进行练习。青少年可以使用视觉的或听觉的提示来促进练习，例如，可以在牙刷上贴一张便条作为提示，或者在手机上设置闹钟作为寻找善意行为的提示。

最后，为了持续使用新技能，青少年需要将其整合到个人日常生活中，探索可以将技能使用与日常事件（如穿衣、饮食或睡觉）联系起来的方法。

预防复发

CBT 的最后阶段是预防复发，鼓励青少年反思干预中对他们有帮助的方面，为可能的复发做准备，并且建立一个应急计划，以防问题重新出现。

建立"保持良好"（keeping well）的计划可以帮助青少年反思他们学到了什么，以及他们认为有用的技能，让他们做好迎接挫折的准备，明白这些挫折是正常的、暂时的，而不是他们旧问题的重现，也不是技能失去效果的证据。在治疗师的帮助下，青少年可以识别未来可能出现的困难情境，并觉察可能提示他们正退回到原有习惯的预警信号。治疗师要鼓励青少年保持乐观、善待自己、接纳不如意的事情、接纳坏事发生的事实。最后，在治疗师的帮助下，青少年应制订计划，明确在他们被原有的习惯阻碍时要做什么，何时及如何寻求帮助。

> CBT 包括关系建立和参与感、心理教育、自我觉察和自我理解、培养并提升技能、巩固及预防复发等阶段。

▶ 调整 CBT 以适应青少年

许多关于 7~25 岁人群的随机对照试验已经建立了 CBT 的循证基础。许多早期研究是在接受 CBT 治疗的青少年的言语、认知、情绪和社交技能已经充分发展的前提下开展的。这些项目往往是为成年人制定的项目的向下扩展，在很大程度上依赖于口头讨论。青少年被看作"小大人"，拥有成年后应有的充分发展的技能。随着对童年期和青春期的发展性变化更深入的认识，这个观点已经被挑战，现在人们知道如何让 CBT 适应于青少年（Holmbeck et al.，2006；Sauter，Heyne，and Westenberg，2009）。

青春期是生理和心理快速发展的阶段，是从童年期向成年期转变的标志。在这个阶段，青少年发展出自我认同，形成稳固的观点，并建立起自己的道德和伦理价值观。随着寻求独立、与同龄人建立更深厚且更有意义的关系，青少年变得更加自主。青少年的独立性及做决定的能力得到了提高，这将导致很多实验性尝试和冒险行为。

就认知发展而言，随着言语、推理、元认知和社交观点采择能力的发展，青少年更能进行抽象思考并理解多种观点。元认知是一个人对自己的思维进行思考的能力，而社交观点采择是从他人的角度审视事件的能力。鉴于青春期涵盖了宽泛的年龄范围，我们无法假定这些技能在所有青少年身上都得到了充分的发展。治疗师需要确保 CBT 能够适应青少年的能力而非他们的生理外表，并且要始终意识到，并不是所有青少年都能够参与到所有的认知技术中（Sauter，Heyne，and Westenberg，2009）。然而，并没有一种简单的方法可用于评估不同认知子领域的发展水平（Holmbeck et al.，2006）。此外，这些并不是针对青少年使用 CBT 的必要前提。鉴于 CBT 对有更多认知技能限制的儿童也是有效的，显然，如果仔细调整 CBT 的方法，使其适应青少年的能力，干预是可以成功的。这时，治疗师就需要考虑许多因素，如下所述。

认知焦点还是行为焦点

认知技术和行为技术需要达到一个最佳的平衡。一个总原则是，如果青少年感觉很难参与到认知技术中，就应该将重点更多地放在行为方法上（Friedberg and McClure，2015；Stallard，2009）。行为方法是更加具体的活动，青少年可以通过“实施”行为实验而不是认知辩论和讨论来探索认知。有些青少年可能具有发展良好的认知能力，觉得复杂的元认知工作更加有吸引力、有帮助。他们可能认为聚焦于培养积极或有益思维的技术（如自我对话）太过简单，给人居高临下的感觉。

治疗的合作关系

CBT 的治疗是建立在治疗关系的基础上的，青少年和治疗师是平等的伙伴。这一点很重要，但我们需要认识到，治疗师和青少年之间存在着一种固有的权力不平等。因此，在治疗的开始阶段就明确合作关系的性质是很重要的；否则，青少年会期望治疗师积极、主动地发挥带头作用。

治疗师应该提倡客观经验主义，明确地承认他们没有现成的解决办法，但他们将与青少年一起工作，共同探索并发现对青少年有效的方法。治疗师要强调共同学习的概念，注意如何做才能促进青少年的积极和主导作用。这可以通过多种方式实现，包括邀请青少年在确立目标，设定议程、顺序和会谈内容方面发挥主导作用（Stallard，2013）。有时，青少年可能不太成熟，需要从治疗师更直接的指导中受益（Friedberg and McClure，2015）。

语言

治疗师应当确保所使用的语言对青少年来说处于合适的水平。这可以通过使用青少年自己的语言描述事件来实现。例如，一位青少年在解释自己的认知反刍或认知重演时，可能会用"想得太多"这样的说法，又或者在他描述如何学会不与自己的想法争论时将其称为"把声音关掉"（tuning out）。我们需要确定这些词的确切含义，但随后这些用词可以作为讨论概念时共同使用的说法。

治疗师在使用术语时也要谨慎，例如，将练习任务描述为家庭作业。尽管练习是 CBT 的重要组成部分，但家庭作业一词对青少年可能有负面含义。家庭作业通常意味着青少年被给予（而不是自己同意去做）一项任务。家庭作业通常是他们不愿意做的事情，因此这与 CBT 引导式发现的核心概念有些矛盾。最后，家庭作业总是会被评分，并且通常会划分某种形式的等级，而 CBT 的目标通常是发现和反思。家庭作业的另一种说法可以是会谈外的任务或实践练习。

隐喻是一种非常有用的方法，可以将抽象的概念与青少年熟悉的具体事件联系起来。它可以用来描述概括的认知加工偏差，如将灾难化或选择性概括（selective abstraction）表述为灾难性的想法或消极滤镜（negative glasses）。自动思维可以被设想为垃圾电子邮件或计算机上的"弹出窗口"，这类比喻可以帮助青少年建立一道"坚固的防火墙"。

二分法思维

处于青春期的个体很容易出现自我中心和绝对化的思维，这会干扰 CBT 的治疗进程。自我中心的青少年可能无法认识到看事情的另一种角度，因此无法考虑替代性观点。同样，"全或无"的想法在青少年中很常见，这经常反映在一次次会谈的剧烈波动中。在某个场合，青少年可能会表现出抑郁或焦虑，而在另一个场合，他们可能会表现得快乐或放松。

评定量表是一种挑战二分法思维的有效方法，可以帮助青少年认识到在两个极端锚点之间还有一系列选择。这可能需要一定程度的教育，治疗师可以让青少年根据特定的维度对一系列事件进行评级或排序。量表可以用来评估情感的强度、对思维的相信程度、责任或过错的程度。

最后，贝尔谢（Belsher）和威尔克斯（Wilkes）强调了治疗师所使用的语言的重要性（Belsher and Wilkes，1993）。询问什么是"好的"或"坏的"就暗示了一种二分法思维，而询问"更好的"或"更差的"则让人形成评价是一个连续谱的印象。

言语与非言语材料

言语的和非言语的方法都可以用来向青少年解释 CBT 的理念和概念。有些青少年可能具有非常好的言语技能且享受抽象辩论和推理。他们可能非常健谈，能够怡然自得地讨论他们自身和他们面临的问题，并且充分参与到言语交流中。

另一些青少年可能对与治疗师见面感到尴尬，并且觉得非言语的方法更加容易参与。这时可以使用白板、卡通动画、思维泡泡或故事脚本来解释伴随特定事件的思维和感受。总结 CBT 模型的图表是非常有力的、赋能的。打印好的材料可以为会谈提供有用的辅助，并提供关键问题的书面记录以供将来参考。类似地，饼图是一种客观的方法，可以识别、量化和挑战关于夸大责任或事件发生可能性的假设。

互联网为理解关键概念提供了丰富的材料，如认知偏差或治疗师指导下的正念练习。YouTube 上的视频片段是非常有影响力的，它们可以将其他青少年的经验带入会谈，以便强调一个特定的问题或技能。这些材料需要与青少年的兴趣和发展水平相匹配，以确保它们是可以被理解的、有益的，而不会被认为是傲慢的。

科技

青少年对计算机、互联网和智能手机的使用都非常熟悉，也非常熟练。这些科技手段非常有吸引力，它们提供了一种与这个年龄段的人互动的方式（Boydell et al.，2014）。

计算机和智能手机使完成日记更有吸引力。这些设备的便携性有助于在情绪、思维或积极事件发生时将它们快速且准确地记录下来。当青少年注意到任何"热思维"或强烈的情绪反应时，移动设备是一种"下载他们大脑中的想法"的有力工具。因为青少年经常发短信或用手机做很多事情，所以这样记录信息不会引起同龄人的注意。

智能手机自带的相机功能为青少年提供了一种记录困难或挑战性情境的方法。通过回顾图片，治疗师可以检查青少年对正在发生的事情的一些想法或假设，并有助于对如何应对困难情境做出计划。青少年手机中的图片库可以包括令人平静的地点的照片，这些照片可以在需要的时候提醒和帮助他们形成意象。同样，青少年可以在他们的主页上传积极的应对语句或过程提醒，如思维挑战，以促使他们挑战自己的思维。

互联网为调查和正常化常见问题（如感觉焦虑或情绪低落）提供了一条有用的途径。我们可以找到受相同问题困扰的知名人士，这些知名人士成功应对的方式被认为是青少年可以考虑的可能选项。青少年可以访问提供正念或放松等技术指导和说明的网站，以促进和指导他们的实践。类似地，互联网上有用的视频非常多，青少年会在视频中谈论他们个人的心理问题和他们认为有用的策略。视频故事和 YouTube 片段是青少年向其他同龄人学习的有力方式。

> CBT 需要灵活地与青少年的认知、言语和观点采择能力相匹配。

▶ 与青少年开展 CBT 时的常见问题

有限的言语技能

和成年人相比，与青少年进行治疗的过程更少有说教。青少年在会谈中会采用更加被动倾听的角色。这要求治疗师有更多的输出，但并不一定意味着青少年不能主动参与治疗。正如之前强调过的，治疗师需要在方法上更加灵活，调整材料，以适应青少年的偏好。在这些情况下，更多地使用非言语材料可能会有所帮助，白板、挂图是有益的沟通方式。对许多青少年来说，互联网表现出越来越明显的熟悉性和吸引力，它可以为会谈带来不同的经历和观点。在视频片段中，青少年讲述的自己接受 CBT 治疗的经历和他们觉得有用的技能是现成可用的。同样，互联网上还有许多可以用来学习正念等技能的有吸引力的视频和练习。

治疗师可能也会发现，对不愿表达的青少年采取设问的方法是有帮助的，例如，猜测青少年会如何回答问题。同样，如果青少年不愿意谈论他们自己，那么从第三方的角度去讨论一个类似的问题可能更加容易，并且会引发进一步的参与。最后，更改会谈设置也可能有帮助，除了坐在咨询室里，治疗师可以与青少年试着去喝杯咖啡或散步，看看青少年是否变得更加健谈。

有限的认知技能

虽然参与 CBT 需要基本水平的认知技能，但 CBT 也可以适应认知能力有限的青少年，并满足他们的发展需要。

以更直观的方式呈现信息、使用更简单的语言、以更具体的方式呈现抽象的概念，这些方法可以让有学习障碍的人更容易参与到 CBT 中（Whitaker，2001）。

记忆问题可以通过使用视觉线索和提示来解决。青少年可以学会使用红绿灯系统作为一种解决问题的方式（红色：停下来思考；黄色：计划；绿色：尝试）。把彩色纸条缠在笔上可以促使他们在大学学习或工作中使用这种方法。治疗师同样可以简化任务、减少决策点，这样当青少年可能发脾气时，治疗师就可以帮助他们"摆脱"（即离开）这个情境，而不是学习一套更复杂的解决问题的反应。

认知任务同样可以被简化，如使用自我指导技术（Meichenbaum，1975）。这包括建立有益的自我陈述，如"我可以……"，以鼓励青少年应对消极或无益的自动思维。此外，正如第 1 章所总结的，随着时间的推移，CBT 发展出了许多干预技术，包括行为方法。如果认知技术受限，那么治疗师可以更多地聚焦于行为技术，使他们的认知负担可以与青少年的能力相匹配。

缺乏参与

青少年并不总是认为自己需要帮助，并且可能察觉不到任何他们想要改变的问题。如果青少年无法识别目标或他们想要的改变，那么使用 CBT 是需要被质疑的。然而，这需要仔细的探索，因为青少年无法识别合理目标可能是由于他们的经验，即"这就是一直以来的方式，未来也将会如此"。引导青少年探索替代性的、现实的可能性可能会帮助他们认识到自己的处境可以变得不同。一个类似的例子是，对于抑郁的青少年，动机缺乏可能会导致不情愿和绝望。在这些情况下，动机式访谈可能有助于确保青少年的投入（Miller and Rollnick，1991）。动机式访谈运用基本咨询技术（如共情、积极关注、积极倾听）及认知 - 行为干预（如积极重建）来提高个体对改变的投入。然而，如果在短期内使用动机式访谈后，青少年仍然持有矛盾心态，那就表明现在可能不是继续使用 CBT 的正确时机。

没有做出改变的责任感

青少年可能识别出了困难和要改变的目标，但可能并不认为自己有责任改变。有时这是合理的，但有时，困难可能被归因于器质性因素（如"这就是我，我生来就这样"），或者被归因于看似不在个人能力范围内能改变的外部因素。例如，一个经常在大学或工作中陷入麻烦的青少年可能将麻烦向外归因于自己被不公平地选中了，例如，"如果他们不选我，我就不会遇到麻烦"。治疗师要评估这到底是事实还是反映了青少年歪曲或有偏差的看法。然而，治疗师应当鼓励青少年抛弃这种想法，至少为探索这些事件的个人原因做好准备，以便让他们参与到治疗中。

评估思维的困难

如果治疗师直接询问"你在想什么"，青少年可能无法识别自己的想法并将之言语化。然而，仔细倾听就会发现，这些信念、假设和评估在会谈期间常常是很明显的。在这些时候，"思维捕手"角色通常是有用的，治疗师可以用它来识别重要的认知并让青少年注意到它们（Turk，1998）。治疗师可以停止对话并让青少年的注意力转向他们刚刚言语化的认知，或者在一个合适的时间提出来并进行总结。例如，治疗师可以倾听青少年对一个最近的"热"情境的描述，随后总结识别出的关键感受和与之相关的思维。

青少年常常混淆思维和感受，这也是为什么有些治疗师强调需要"捕捉情绪变化的时刻"（chase the effect）（Belsher and Wilkes，1993）。在临床会谈中，治疗师要特别注意向青少年反馈他们的情绪变化，以便识别相关的认知，例如，"你看起来在想一些让你愤怒的事情"。通常，青少年为了发现自己的认知会寻求进一步的帮助，这时治疗师可以采用苏格拉底式提问或提供可能的建议清单，而青少年可以表示拒绝或同意。通过观察和仔细提问的过程，治疗师可以帮助青少年意识到他们情绪背后的认知。

无法完成家庭作业

CBT 是一个积极的过程，通常包括信息的收集和临床会谈之外的技能练习。虽然一些青少年有兴趣并愿意完成家庭作业，但另一些青少年可能不愿意完成，并且多次未能带回任何材料。治疗师需要与青少年开诚布公地讨论、解释作业的重要性，澄清实际可以完成的程度，在其他有需要的方面也要达成一致。确定一种完成作业的适当方式也很重要，例如，青少年可能不愿意写思维日记，但喜欢在他们的计算机或手机上做记录。同样，一些青少年可能更愿意用电子邮件表达他们的想法，而另一些青少年更喜欢用录音机来记录他们的想法。

在 CBT 的自我觉察阶段，完成家庭作业并不是前提条件。那些无法记录的经历、想法和感受仍然可以在临床会谈中加以评估。治疗师可以要求青少年谈论最近的困难情境，不断探究与事件相关的想法和感受。

然而，家庭作业在技能的培养和巩固阶段是很重要的。青少年通过家庭作业在日常生活中练习技能，以发现那些有用的部分。没有实践，青少年将无法提高他们的新技能或学习不同的行为方式。在这一阶段，可以预期治疗关系是足够开放和稳固的，治疗师和青少年可以进行讨论，从而发现如何使家庭作业更容易完成。

焦点转变

青少年通常只关注眼前和当下。因此，当与青少年一起工作时，治疗师经常会发现构成前面会谈焦点的重要问题奇迹般地消失了，不再是问题。这种焦点转变可能会使治疗师感到不安，并可能导致他们对问题紧追不舍（problem-chasing），而不是去系统地培养一套综合技能。

先前问题的解决提供了一个庆祝的好机会，这可以提升青少年的自我效能感。治疗师可以帮助青少年反思和探索他们所做的事情，以及如何将这些理念应用到生活中其他具有挑战性的部分。治疗师可以将此与 CBT 模型联系起来，得出思维和行为之间的重要关系，强调重要的应对策略。这样，虽然特定问题的焦点可能会转变，但 CBT 的基础结构仍然为反思提供了框架。

与自我中心者工作

在 CBT 的治疗过程中，青少年需要对新的想法和解释持有非评判性且开放的态度。这对一些青少年来说是困难的，他们表现得非常自我，坚信他们的理解是唯一选项。通常这种情况会导致治疗师尝试说服青少年，让他们相信有替代性的解释。然而，这往往会产生相反的效果，导致青少年更加坚决地捍卫自己的观点，并且更不愿意参与到任何客观的评估中。相反，采取一种开放、好奇的立场是有益的，在此基础上，治疗师会通过苏格拉底式对话帮助青少年质疑他们的观点。这个过程要求治疗师采取一种反思性的立场，让青少年的观点得到承认，而不是直接被挑战。此外，治疗师要以一种好奇的态度邀请青少年考虑新的、与原来不一致的或对立的信息，鼓励青少年阐述这些信息是如何符合他们的信念和假设的，或者思考他们的观点需要怎样的修正。通过这个过程，青少年将在治疗师的帮助下批判性地评估自己的观点。

明显的家庭功能失调

家庭中的动力是复杂的。这会导致青少年成为替罪羊，被不恰当地认为是要为所有家庭难题负责的人。在这种情况下，只与青少年工作而不处理更宽泛的家庭问题是不合适的。

同样，如果青少年的无益认知与父母有限的能力或父母的行为相关，那么针对个体开展治疗是不合适的，也不太可能有效（Kaplan，Thompson，and Searson，1995）。治疗师需要对诸如"我的父母总是贬低我"之类的说法进行全面评估，以确定这是一种认知歪曲还是明显的家庭功能失调的迹象。确定这一点将表明应当针对个体开展治疗还是采用更系统的方法更合适。

"我明白，但我不相信"

有时，青少年能理解 CBT 的目的和方法，但似乎会以一种学术的、超然的方式体验治疗过程。青少年的思维可能会按部就班地受到挑战，发展出替代性思维，但他们根本不相信他们所发现的东西。同样，他们有可能理解接纳思维、非评判性地审视思维的目的，但仍然难以停止争论或卷入不良的思维。虽然或许有必要进行进一步的解释和练习，但很明显，这种方法可能对这些青少年不起作用。

　　本着真正的合作关系精神，这个问题需要得到承认并公开讨论。虽然 CBT 的指导原则是让青少年发现什么对他们有效，但发现什么没有帮助也同样重要。我们要探索潜在的阻碍，并讨论是否从一种挑战思维的方法转变为一种观察和接纳的方法（或相反）。如果这个选项仍然不被青少年接受，治疗师就应该考虑替代性的、非 CBT 的方法。

与青少年开展 CBT 时的常见问题包括以下几点：
- 有限的言语和认知技能及评估思维的困难；
- 缺乏参与和 / 或对做出改变的责任感；
- 明显的家庭功能失调；
- 无法完成家庭作业；
- 焦点转变；
- 在理解 CBT 的目的和方法上存在问题。

第3章

全书工具与材料概览

本书是一个适用于青少年的干预工具箱，它涵盖了许多 CBT 的概念与干预策略。这些材料包含传统行为疗法与第二次认知疗法浪潮的方法和观念，使青少年能够理解并积极改变自己的行为与思维方式。本书还借鉴了 CBT 的第三次浪潮，这一浪潮专注于改变我们与自己思维之间的本质关系。它还借鉴了正念与接纳承诺疗法中不评判的慈悲心与接纳的概念。

本书可以根据青少年的需求、喜好和问题的性质量身定制，并且灵活使用。这套工具并不是系统化的综合方案，也不是配套的结构化 CBT 干预方案或正念干预方案，而是使用了这些模型中的某些想法和技术。这套工具也并非专注于特定的心理健康问题，如抑郁或恐惧等，但可以广泛应用于大部分的情绪问题，如焦虑、情绪低落和愤怒等。本书的适用对象不仅包括存在心理健康问题的青少年，还包括那些目前没有任何问题的青少年。这套工具将会帮助他们减少心理困扰，并帮助他们培养出相应的技能，从而维持和提升心理健康水平。这些工具适合心理咨询师、教师、社会工作人员及其他与青少年工作的人员使用，也适合青少年自己使用。

图 3.1 的中心是传统的 CBT 材料，重点关注 CBT 模型的核心领域，即思维、感受和行为。在这一模块的上方是一个为改变做准备的模块，包含 CBT 模块的基本

信息，以及青少年希望达成的目标与结果。该模型的最后一部分聚焦于如何帮助
青少年保持良好的状态，并总结了尤其适用于他们的特殊技术与预防复发的方法。

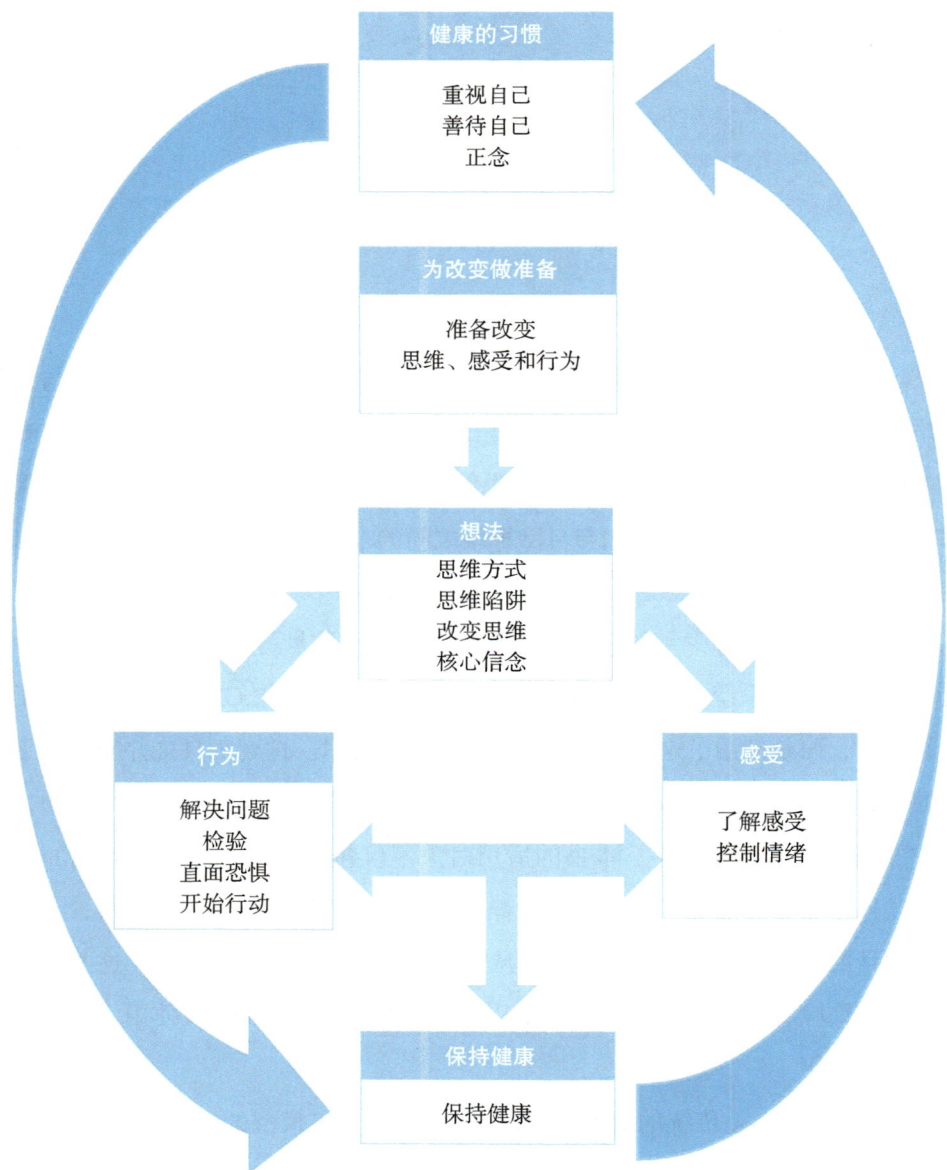

图 3.1　本书所含工具的直观概览

外圈则借鉴了 CBT 新浪潮中的概念。那些技能被简单地概念化为健康的习惯，以帮助青少年形成一种基于慈悲和好奇的、有意识地自我觉察及接纳的生活方式。这些健康的习惯并不是直接挑战和改变无益的认知，而是专注于改变我们与思维、感受及经历之间关系的本质。健康的习惯有正念（提升自我觉察），接纳及耐受（所发生的事情），重视自我和自己的所作所为，关注个体的善良特质及优势。这些技能为青少年保持幸福感提供了积极的准备。

图 3.1 中传统 CBT 和第三次浪潮之间的区别，主要在于这些方法存在不同的侧重点。它们都希望减少青少年的心理困扰，但传统 CBT 是通过挑战和改变无益的想法来实现这一点的，而第三次浪潮的方法是鼓励青少年觉察和接纳。因此，第三次浪潮的方法被概念化为日常生活中的健康习惯。这些第三次浪潮的方法本身是非常有效的干预措施，都有相应的研究基础，也有能够指导广泛且综合的干预的明确理论。由于传统的 CBT、认知疗法及其他第三次浪潮的干预技术存在部分重叠，因此这种区分也可能有些武断。

本书中的材料和附录练习涵盖以下主题：

1. 重视自己——认清自己的优势并照顾好自己；

2. 善待自己——接纳真实的自己；

3. 正念——成为一个好奇的、非评判性的观察者；

4. 准备改变——你想改变什么；

5. 思维、感受和行为——理解 CBT 模型；

6. 思维方式——识别有益和无益的思维方式；

7. 思维陷阱——了解常见的认知偏见；

8. 改变思维——发现及发展出更平衡的、有益的思维方式；

9. 核心信念——发现你强大的思维方式；

10. 了解感受——识别不同的情绪；

11. 控制情绪——学习管理情绪的方法；

12. 解决问题——学习如何解决和克服问题；

13. 检验——进行实验来检验你的想法；

14. 直面恐惧——将挑战分解成小的步骤；

15. 开始行动——变得活跃以改善你的心情；

16. 保持健康——记住对你来说最有帮助的想法（思维）。

每个主题都包含解释性的概述和示例，这些示例材料能够将工具与青少年感到熟悉的问题联系起来。同时，每个主题之间又有一系列实践练习，以帮助青少年将这些方式应用在自己面临的独特问题上。这些实践练习可以灵活地用于解决青少年面临的相关问题，相应的工作表也可以根据本书最后提供的链接进行下载和打印。

► 重视自己

概述

自尊是指我们如何看待自己及自身行动的方式。自尊水平对我们的感受和行为的影响应当被着重关注。识别和关注个人的优势、成就及积极事件，能够帮助我们培养较高的自尊水平。此外，治疗师还可以鼓励青少年好好照顾自己，确保自己的饮食和睡眠，保持身体健康。

■ 识别个人优势

■ 关注积极事件

■ 照顾好自己

实践练习

发现个人优势法是鼓励青少年观察自己和自己生活的方方面面，从而发现自己的优势和成就。**积极日记**可以帮助青少年将注意力重新聚焦在发生的积极事件上，通过积极寻找并记录成功事件和产生积极情绪的事件，从而对抗忽视或淡化积极因素的倾向。**名人自尊**要求青少年识别那些拥有高自尊和低自尊的知名人士，并尝试概括他们的行为内容和行为方式。这将有助于青少年意识到低自尊带来的一些消极影响，并学习那些可以帮助他们建立高自尊的技能和品质。**睡眠日记**和**体育活动日记**也可以为担心自己的睡眠情况或不确定自己的运动是否足够的青少年提供辅助工具。

▶ 善待自己

概述

本节借鉴了慈悲聚焦疗法和接纳承诺疗法的工作思路，治疗师可以鼓励青少年接纳真实的自我，而非不断地批评和指责自己及自身的行为。本书展示了 8 种有益的习惯，以帮助青少年像对待朋友一样对待自己，并培养出一种不那么挑剔的、更加友善的内心声音。对青少年而言，与其在情绪低落时责备自己，不如在遇到困难时照顾好自己。他们应当学会原谅自己的错误，并接受这些错误就是会发生的事实，更加关注并庆祝已经取得的成就，而不是为那些没能做到的事情责备自己。治疗师也应当鼓励他们接纳并友善地对待自己，而不是试图成为与众不同的人。此外，治疗师还应当鼓励青少年寻找生活中美好的事物，发现他人的优点，并善待他人。

- 善待自己
- 原谅自己的错误
- 接纳自己
- 发现自己和他人的优点

实践练习

对待朋友时，我们通常更宽容、更具有支持性，但我们却以更苛刻和评判性的方式对待自己。**像对待朋友一样对待自己**，能够帮助青少年审视他们自我对话的方式，并将其与跟朋友交谈的方式进行对比。**照顾自己**的目的是帮助青少年在事情出现问题时，减轻给自己的压力。治疗师应该鼓励青少年做一些事情来让自己感觉更好，而非不断地指责自己。这一主题的实践练习旨在帮助青少年持续地用一种更友善的内心声音来发展并实践更友善的、不那么挑剔的自我陈述。**寻找善意**的实践将会帮助青少年以不同的方式看待世界，并且积极寻找生活中发生的带有善意的事。

▶ 练习正念

概述

这部分内容重点介绍正念，以及 FOCUS 的五个步骤。青少年应当集中自己的注意力（focusing their attention，F），并以一种好奇的态度（curious way，C）观察（observing，O）此时此地发生的事情。他们可以尝试使用所有的感官（use their senses，U）来最大限度地进行体验。此外，青少年还应当放下评判（suspend judgement，S），并接纳自己的想法，而非试图阻止、改变或过度关注它们。正念可以融入我们生活中的方方面面。青少年可以尝试练习**正念呼吸**和**正念进食**，从而帮助自己将注意力和五感集中在日常活动或我们认为理所当然存在的事物上，如行走或观察他们的笔。此外，他们还应当**放下对自己的评判**，练习**正念思维**，这将会帮助他们与自己的想法和情绪保持一定的距离并观察它们。

- ■ 关注当下的事情
- ■ 观察当下的事情

- 保持好奇
- 运用五感
- 放下评判

实践练习

青少年可以通过练习，将正念融入日常生活。他们可以在任何地方尝试进行短时间的**正念呼吸**，或者当思维变得混乱时尝试进行**正念思考**。治疗师可以鼓励青少年后退一步，以好奇的态度来观察脑海中的想法。**正念观察**也可以帮助青少年将注意力完全集中在日常生活中平凡或普遍的、从未引起他们注意的事物或地方。此外，让青少年**观察他们曾以为自己熟悉的东西**，能够帮助他们意识到自己对日常生活中的事物是多么缺乏关注。

▶ 准备改变

概述

本节将会介绍有关 CBT 模型的三个主要部分：思维、感受和行为。它强调无益的思维模式是如何让我们产生负面情绪，并增加回避、放弃尝试或停止行动的概率的。我们的感受越糟糕，行动就会越少，而思维反而会变多，这就让我们陷入了**消极思维的陷阱**，甚至会感觉到消极的预期成真。

本节的第二部分是帮助青少年检验自己是否**准备好以不同的方式行事**。为此，青少年需要为改变做好准备，放下对自己的评判，并对改变保持开放。他们需要遵循具体、有意义、可实现、适当奖励和及时的原则来**确认想要实现的明确目标**，并保证自己在朝着正确的方向努力，才能最终获得成功。**奇迹问题**是源自焦点解决疗法的技术，能够帮助青少年专注于未来，并让他们思考如果自己一觉醒来，这些问题都不复存在了，那么他们的生活会有什么不同。

- ■ CBT 的核心要素——思维、感受和行为
- ■ 确定个人目标

实践练习

是否为改变做好准备是一种针对青少年希望感和改变动机的评估方式。如果他们尚且不确定事情是否会改变，或者自己能否解决问题，那么治疗师应该继续等待。CBT 是一种非常简短的疗法，能够为青少年解释干预思路和工作逻辑。而**奇迹问题**源于焦点解决疗法，它让青少年想象如果这些问题都不复存在，那么他们的未来会有什么不同。如果青少年感觉难以确定自己的目标，那么奇迹问题可以帮助他们澄清自己的诉求。此外，**我的目标**还提供了一种每周检测变化的方法，帮助青少年观察自己取得的进展。在咨询过程中，青少年可以最多确定三个目标，治疗师可以在每次会谈开始时，评估目标的完成程度。

▶ 思维、情绪和行为

概述

要想进一步理解 CBT 和消极思维陷阱，就需要对不同的思维类型进行理解，如核心信念、中间假设和消极自动思维。核心信念的激活将会影响我们的中间假设，并创造出最易获得的认知，也就是**自动思维**。这些积极或消极的思维也会影响我们的感受和行动。消极思维陷阱可能会让我们产生不愉快的感受，限制或阻止我们识别自己的行为，并反过来验证和强调我们最初的信念。

- 核心信念、中间假设和自动思维
- 了解消极思维陷阱

实践练习

消极思维陷阱是一个能够帮助我们总结核心认知模式的范式。它是一个将本书其他方面连接起来的框架，通常用于青少年的心理教育。

识别无益的想法可以帮助青少年意识到他们的想法对感受和行为的影响。治疗师应该鼓励青少年写下他们觉得困难的情境，并尝试识别他们脑海中的想法，觉察自己的感受并记录行为。

▶ 思维方式

概述

热思维可以帮助青少年意识到某些思维方式是如何让自己产生强烈的情绪反应的。它与认知三元组有关，也就是我们如何看待自己、我们期望自己如何被对待，以及我们期待未来将会如何发展。**自动思维**可能是有益的，能够让青少年感觉更好，并促进青少年面对挑战，关注自己的优势、成功和成就；但它们也可能是无益的，那些消极的、批判性的、有偏差的自动思维可能让青少年感觉不愉快，并阻止其行动。如果我们只是单纯地倾听，接受这些思维并将其作为现实，而非质疑或挑战这些思维，那么消极思维陷阱将会持续存在。

- 有益的思维会激发动力并产生令人愉快的情绪
- 无益的思维会使人失去动力并产生不愉快的情绪

实践练习

这小节提供了三种实践练习，以帮助青少年更加了解自己的想法。**检查思维**可以帮助青少年注意到自己的感受变化时脑海中出现的想法。青少年应当按照认知三元组来留意自己的思维，即他们如何看待自己，他们将被怎样对待，以及未来将会如何发展。**热思维**是一种结构化的日记技术，它要求青少年记录一整天的行为、强烈的感受及脑海中闪现的想法。如果一些青少年觉得难以在日记本中记录这些热思维，那么他们可以选择在计算机上记录，或者使用电子邮件记录。在另一些情况下，青少年可能难以识别自己的想法，那么他们可以使用**下载想法**的技术，写下他们注意到的任何在脑海中翻腾的东西，而非试图寻找想法。有时，青少年可能会为写下的内容感到尴尬，或者无法理解自己的想法。但这无伤大雅，他们的任务仅仅是捕捉这些在脑海中翻腾并可能带来痛苦的想法。

▶ 思维陷阱

概述

我们有时会以无益或有偏见的方式进行思考，这些认知歪曲和偏见就是思维陷阱。常见的有 5 类思维陷阱和 11 种认知歪曲。消极心理过滤是第一类思维陷阱，它会将积极的事物过滤掉，让人无法注意到积极的方面。这类思维陷阱通常以**消极滤镜**（选择性概括）的方式出现，青少年可能会更偏向于注意到发生的消极事件；**积极没有价值**（忽视积极面）的认知歪曲，则会让青少年感到积极事物是不重要或不相关的。第二类思维陷阱是对消极事件重要性的预期超出实际情况，它将以 3 种认知歪曲的形式出现：**夸大消极面**（夸大）是指夸大那些本来微不足道的消极事件的重要性；**灾难化思维**（灾难化）是指青少年可能会不断地思考最坏的结果；**全或无思维**（二元思维）则让青少年以极端的方式进行思考，让事物没有缓冲地带。第三类思维陷阱是对失败的预期（武断推论），这让青少年常常假设事情会变得更糟。还有两种相似的思维陷阱**读心术**（假设自己知道他人的想法）和**预言家**（认为自己知道未来会发生什么）。第四类思维陷阱是对自己失望，它通常会以两种认知歪曲的形式出现。**垃圾标签**（贴标签）会让我们为自己分配一个概括性的负面标签，并倾向于将其扩大到生活的方方面面。**自我责备**（个人化）让我们倾向于为周围发生的任何坏事负责。最后一类思维陷阱是让自己失败（不切实际的预期），这可能以两种认知歪曲的方式产生。**应该或必须**的认知歪曲会让我们对自己和他人设定不切实际的过高期望。**期待完美**则会让我们为自己设定无法达到的标准，从而加强了我们认为自己是失败者的信念。

- 识别常见的思维陷阱
- 监控思维和识别个人思维陷阱

实践练习

思维陷阱技术帮助青少年总结了主要的思维陷阱，并要求他们练习觉察并记录任何他们注意到的例子。**思维和感受技术**是一个结构化的日记法技术，它以早期热思维日记为开发基础，帮助青少年记录自己的热思维，并判断自己是否掉入了思维陷阱，以及掉入了哪种思维陷阱。

▶ 改变思维

概述

一旦青少年能够识别自己的想法和常见的思维陷阱，下一个阶段就是进行思维检验，并系统地检验和测试自己的思维。这个过程可以分为四个步骤。首先，青少年识别自己无益的思维模式。其次，他们可以检验这些思维模式是否让感知到的情况比实际情况更糟。再次，青少年需要通过积极寻找那些可能被忽略、被忘记或被认为不重要的证据来"挑战"自己原有的想法。最后，治疗师可以鼓励青少年反思自己的发现，以"改变"原有的思维模式，使其变得更加平衡，更有帮助，也更符合实际。

　　青少年可能会感到难以挑战自己消极的思维模式。在这种情况下，他们可以换个角度进行思考，想象其他人会如何看待这些事物，进而挑战原有的想法。治疗师可以询问青少年，如果他们最好的朋友或他们尊敬的人听到他们的想法，将会说些什么。或者如果他们的朋友有类似的想法，他们又会说些什么。

　　处理担忧的练习提供了一些讨论担忧的方式。担忧通常被认为是我们对无法控制的未来产生的情绪。我们可以设置一个用于担忧的时间，让自己沉浸在担忧的想法中，以此来限制担忧本身。担忧的想法可以在一天的任何时候产生，但担忧这一行为可以被限制在特定的时间内。在担忧的时候，我们可以对其内容进行分类，并思考可能的解决方案。通过这种方式，我们可以接纳并放下那些令人无能为力的担忧。

- 认知评估
- 认知重建
- 第三方视角
- 限制担忧的时间

实践练习

　　思维检验包含 4 个步骤，它将会帮助青少年完成挑战思维。青少年可以把自己发现的思维陷阱和以前被忽略的信息记录下来。**其他人会怎么说**的技术将会帮助青少年识别自己的想法，并从他人的角度思考，从而挑战这些想法。**处理担忧**

则是记录担忧日记，它能够帮助青少年将这些问题分为他们可以做些什么来改变的，以及他们需要接纳的。

▶ 核心信念

概述

我们原有的思维方式通常是僵化而顽固的，所以改变思维方式往往较为困难。通过反复询问自己"这意味着什么"，可以帮助我们识别自己的核心信念，这一过程包括识别一个常听到的想法并反复询问"那么它意味着什么"。核心信念通常是强大且难以被挑战的，所以我们的目的是寻找能够限制它们的证据。青少年可以积极收集那些反对核心信念的证据，尽管这个过程非常艰难，但与他人交流可能会有所帮助。

> - 识别核心信念
> - 挑战和检验核心信念

实践练习

这意味着什么是一种箭头向下技术，能够帮助我们更好地发掘核心信念（Burns，1980）。当治疗师确认了青少年强烈而顽固的想法后，可以询问他们（如果是真的）这意味着什么，直到识别出核心信念。

一旦核心信念被确定，青少年就可以尝试使用**"它总是真的吗"**这一技术，从而记录任何有关核心信念的证据，并最终证明它并非百分之百真实。这样做可以帮助青少年对自己强烈而顽固的想法进行一些限制，例如，将"我很失败"转化为"我的学业可能会面临失败，但我在表演上很成功"。此外，**"我的信念"**

这一练习借鉴了儿童图式问卷（Schema Questionnaire for Children）（Stallard and Rayner，2005；Stallard，2007），它被用于评估儿童对 15 个相关信念的相信程度。这也能帮助临床工作者更好地评估青少年的信念，发现问题的循环模式，以及理解为什么他们最终会陷入同样的思维陷阱。

▶ 理解情绪

概述

本节聚焦于情绪教育，旨在通过帮助青少年了解自己的身体信号，从而提高他们对不同情绪感受的认识。在这里，我们会聚焦于压力、抑郁和愤怒等常见的不愉快的感受，并强调思维、感受和行为之间的关系。

> ■ **情绪教育**
> ■ **情绪监测**

实践练习

为了更好地了解自己的感受，青少年应当识别与**情绪低落**、**焦虑**和**愤怒**等常见情绪相关的身体信号。这些练习可以单独完成，也可以在团体中进行。在团体中，青少年可以发现一些更常见的情绪信号，以及不同的情绪之间如何分享共同的身体信号（如感觉脸颊发烫或发红）。这将有助于青少年更好地了解他人的感受，同时帮助他们提升自己的情绪素养，以便能够更早地管理和干预自己的感受。

青少年可能并不知道焦虑和抑郁的感受有多么普遍，**他人是否感觉如此**的技术鼓励青少年使用互联网来了解到这一点，并学习遭受同样苦难的知名人士是如何克服这些问题的。**感受日记**也能够帮助青少年意识到感受并非随机发生，而是受到特定的情境或思维（想法）的影响而产生的。**情绪检测**旨在记录青少年一天之中情绪的变化，帮助青少年意识到哪些情绪更难以识别。

▶ 掌控情绪

概述

本节侧重于提升情绪管理技术。在不同的情境下，我们可以采取不同的情绪调节策略。一些方法可能比其他方法更适合青少年使用，或者更容易融入他们的日常生活。因此，治疗师可以帮助青少年建立一个工具箱，让他们在不同情况下都有工具可以使用。

渐进式肌肉放松技术可以帮助青少年掌控自己的情绪。**渐近式肌肉放松练习**会让主要肌肉群先紧张而后放松，**快速放松**则是让肌肉群一起紧张，然后一起放松。**身体活动**鼓励青少年将日常活动作为紧张和放松肌肉的方法。**4-5-6 呼吸法**能够帮助青少年快速地恢复对情绪的掌控，并冷静下来。**心理游戏**则是一种分散注意力的方式，能够让青少年将注意力从无益的想法或身体信号转移到中性的外部刺激上。但这些都是能够在短期内缓解情绪或帮助青少年应对当下困难的方式，并不是长期策略，而长期策略才是我们鼓励发展的。**改变感受**的技术鼓励青少年积极尝试其他事物，从而改变自己的感受。如果青少年感觉难过，他们可以做一项能够产生积极反应并让自己开怀大笑的活动；如果青少年感觉生气，他们可以做一些能让自己感到平静的活动。**自我安抚**是一种源自辩证行为疗法的技术，它鼓励青少年通过刺激主要的感官来安慰自己。除此之外，治疗师还应当鼓励青少年制定一份**联系人名单**，列出那些能够让自己放心地与其谈论感受的人，以及能够让自己感觉更好的人。

- 放松
- 身体活动
- 平静的意象
- 控制呼吸
- 转移注意力
- 自我安抚
- 与某人交谈

实践练习

放松日记能够帮助青少年总结进行放松练习之前和之后的感受。青少年可以评估自己放松前后的焦虑强度，这将有助于凸显焦虑的潜在变化，并让青少年意识到放松练习的效果。**让你感觉更好的活动**这一练习邀请青少年记录自己享受的体育活动，并制作一个可以在感到有压力、愤怒或不快乐时进行尝试的活动清单。**让我平静的地方**这一练习邀请青少年调动自己的感官，以寻找或创造一个令自己感到放松的真实或想象的多感官图像。当他们感到有压力时，可以去这些令他们感到平静的地方进行放松，并重新找回掌控感。

改变感觉这一技术要求青少年列出那些能够让自己感觉放松、快乐和平静的事情，以形成一个活动清单。**安抚工具箱**也鼓励青少年想象那些能够刺激感官并让自己感到愉快的事物，如令人愉悦的气味（如香薰蜡烛和咖啡）、触碰的感觉（如触碰毛绒玩具和温水的感觉）、味道（如巧克力和薄荷）、风景（如照片和天空中的云）或声音（如音乐和鸟儿歌唱的声音）。青少年可以将这些加以整理并纳入安抚工具箱，以便在需要的时候使用。**与人交谈**这一技术鼓励青少年整理一份联系人名单，将那些能够与其谈论自己的感受，或者让自己感觉更好的人记录在其中。这将有助于青少年思考自己想要跟他们说些什么，想让他们做些什么，以及如何及何时能够联系上他们。

▶ 问题解决

概述

我们每天都需要做出许多决定。有些决定是简单明了的，但有些却比较复杂，并且可能没有一个确切的答案。我们的决定也可能造成问题。我们甚至会在没有充分考虑的情况下推迟或匆忙做出决定。我们可能会变得情绪化，使感觉干扰我们的判断。我们的想法也可能非常固着和僵化，从而忽略其他选择。

问题解决的 6 个步骤邀请青少年慎重地考虑自己的一系列选择，并评估这些决定对自己和他人的短期和长期结果。青少年应当经过评估后再做出决定，并根据结果反思自己是否会再做出同样的选择。

在现实生活中，有些问题和挑战的确非常艰巨，并且难以解决。为了避免受困于这样的情境，青少年可以将它们分解成更微小和易于管理的步骤，使自己更能接近并实现总体目标。

> - 解决问题
> - 将挑战分成小步骤

实践练习

问题解决的实践练习包含 6 个步骤。**分解目标**可以帮助青少年将整体目标分解为小步骤。在确定步骤时，需要注意它们不能太具有挑战性。这一练习的目的是通过完成每个小步骤，增加青少年的信心与动力。

▶ 思维检验

概述

挑战自动思维可以帮助青少年发展出更平衡和更有益的思维方式。然而，有时青少年的思维非常强烈且僵化，并且青少年抗拒进行思维检验。这时，实验是客观地检验信念和预测的有效方法。这是一种更无害的方式，旨在检验事实，而非证明或反驳特定的思维方式。

另一种检验思维和信念的方式是进行调查和探索，检验观点，并为事件寻找替代性的解释或检验其他人看待事物的视角。除此之外，青少年也可以运用互联网和社交媒体方便且无障碍地收集信息。**责任饼图**是一种有用的方法，可以帮助青少年识别限制性的信念与假设，并以可视化的方式呈现每个原因对结果的影响程度。

- **检验预测**
- **行为实验、调查和探索**

实践练习

检验表可以指导治疗师设计和执行行为实验。治疗师应当鼓励青少年反思自己在实验中的发现，并将他们的预测与实际发生的情况进行比较，这一步尤为重要。**调查和探索**技术为青少年进行调查提供了指导，并帮助他们思考自己从中发现的新信息，以及应当如何将其与原有的信念和假设整合。**责任饼图**要求青少年列出可能导致事件发生的所有原因，并使用其所占面积反映每个原因对结果的影响程度，以此来准确理解事情。

▶ 直面恐惧

概述

对于那些回避焦虑事件的青少年而言，直面恐惧非常有用。虽然回避恐惧往往可以在短时间内缓解焦虑，但也会严重限制青少年的能力，并且无益于他们学习如何克服与应对焦虑。治疗师应当鼓励青少年采取一些**细小的步骤**来**逐步面对恐惧**，从而恢复自己的日常生活。让青少年将恐惧分解成更小的步骤有助于他们更易管理自己的情绪，并使他们更有可能实现总体目标。当他们感到恐惧时，最重要的是阻止回避行为，让他们留在这个环境中，直到焦虑水平降低。这将有助于青少年了解自己的恐惧并没有想象中那么严重，并意识到焦虑是可以缓解的，问题也是能够被解决的。

- **逐级推进**
- **系统脱敏**
- **暴露**

实践练习

小步骤能够帮助青少年突破看似不可战胜的恐惧，如与人交谈或进入特定的情境。对交流的恐惧可能会让青少年避免类似以下所列的情境：聚会场合，去朋友家借宿，在午餐时间前往食堂，乘坐校车，到市中心游玩，向学校寻求帮助。**逐步面对恐惧**的练习邀请青少年从他们之前已经确定的小步骤中选出一个，将其分解为更小的步骤，并制订实践计划。青少年需要评估每个小步骤的焦虑等级，并按照困难程度排序。**面对恐惧**是青少年在逐步面对恐惧时的最后一步，这将帮助青少年关注自己的焦虑，并反思自己所学的内容和取得的成就。治疗师应当强调自我强化和对成功进行奖励的重要性，并鼓励青少年对自己最小的成功也要表示肯定。当青少年能够克服焦虑并恢复自己的日常生活时，他们就在逐步面对恐惧上迈出了一步。

▶ 开始行动

概述

本节内容对那些情绪低落并停止行动的青少年会有所帮助。当青少年做得更少时，他们就有更多的时间思考已经发生的事情，或者担忧未来发生的事情。**行为 – 感受监控**能够帮助青少年发现行为与感受之间的联系，并识别一天中感觉最困难的时间。由此，青少年可以重新安排活动，以尝试改变自己的行为。治疗师也应当鼓励青少年在情绪低落时尝试那些能够提升情绪或让自己感觉更好的活动。除此之外，行为激活也能帮助青少年获得更多的乐趣。青少年应当逐步尝试更多让自己感到愉悦的活动，以及更多社交的、积极的活动，在生活中创造成就感。行动的最初目标是让青少年变得活跃，而非感觉更好。事实上，情绪的变化往往是在之后发生的。

> - 监控活动
> - 重新安排活动
> - 行为激活

实践练习

行动 – 感受监控是一种旨在探索情绪与行为之间联系的心理教育活动日记。青少年应当描述自己每天的行动、感受，以及感受的强烈程度，以此来发现哪些活动对自己而言更有乐趣。如果他们感到情绪低落，那么这项任务可能会较难完成。治疗师应当鼓励青少年列出他们曾经喜欢但现在已经停止的活动、喜欢但并不经常做的事情，以及想做但没有时间做的事情。治疗师还应当鼓励青少年选择其中一项或两项活动进行尝试。**更有乐趣的计划**可以帮助青少年决定什么时候做这些事情，并记录过程中发生的情况。

▶ 保持健康

概述

本节内容强调保持健康与预防复发。保持健康的计划有 8 个要点，并鼓励青少年根据自己发现的重要信息和技能来确定能够发挥作用的因素。青少年应当把这些因素融入自己的日常生活，以便继续练习那些有益的技能。治疗师可鼓励他们把困难与挫折视为短期的挑战。**了解危险信号**和**注意困难时期**有助于青少年预防无益的习惯卷土重来，并为有挑战性的情境和事件做好准备。此外，治疗师还应当鼓励青少年在困境中**善待自己**，保持积极向上的态度，牢记自己的优势与取得的成就。

- 预防复发
- 身心保持良好的状态

实践练习

治疗师应当鼓励青少年制订一个保持健康的计划，并在其中写下他们认为有所帮助的关键信息、观念、放松策略和认知技能。**我的警告信号**旨在帮助青少年在早期发现无益的思维方式及可能造成阻碍的情绪和行为变化。此外，**困难情境**练习也可以帮助青少年为未来的挑战做好准备。识别潜在的困难事件或情境可以帮助青少年提前思考应对策略，并练习有助于成功的技能。

第 4 章

重视自己

我们看待自己的方式，以及我们的**自尊**是非常重要的。自尊体现了我们有多尊重与重视自己的存在与行为。自尊会影响我们的感受与行为。人们的自尊水平也是变化的，可能**低**也可能**高**。

低自尊者会有类似以下所述的表现：

- ▶ 常常**自我批评**并自我责备；
- ▶ **不自信**，对尝试新事物感到不确定；
- ▶ 时常觉得自己**不够好**；
- ▶ 总是关注自己的**劣势与失败**；
- ▶ **忽略自己的成功**；
- ▶ 感觉自己**一文不值**；
- ▶ **不愿面对挑战**。

> **低自尊**者不尊重自己，也不认为自己做的事情有价值。

高自尊者会有类似以下所述的表现：

► **尊重**自己；

► **有信心**并愿意尝试新事物；

► 认为自己做的事情**有价值**；

► 能够**意识到自己的优势与特质**；

► 为自己的成就**感到自豪**；

► 感到自己**值得**快乐与成功；

► 准备好**迎接挑战**。

高自尊者更积极，更重视自己。

► 自尊是如何形成的

我们并非生来就拥有高自尊或低自尊。自尊是随着时间的推移而发展的，受许多重要事件的影响。

你的重要关系　你与家人、老师和朋友的关系，他们对你说些什么，以及他们如何对待你，都会影响你的自尊。

► 如果你总是因为做错事而受到批评或指责，那么你可能永远会觉得自己不够好。

► 如果你有很多朋友，那么你可能会觉得自己很有价值。

预期与标准　你和他人为自己设定的预期与标准，以及你取得的成就与经历的失败，这些也会影响你的自尊。

► 如果你总是自我批评，并且对自己所做的事情感到不满意，那么你可能不会尊重自己。

▶ 如果你认可自己的努力和取得的成就，那么你可能会为自己感到自豪。

重要事件和经历 你成长过程中的重要事件和经历也会影响你的自尊。

▶ 如果你经常被欺负或身患重病，那么你可能会感到自己一文不值或弱小。

▶ 如果你在学业或运动方面取得了成功，那么你可能会感到自信。

▶ 自尊可以被改变吗

是的。你可能会想到许多曾经提高自尊的人。他们可能是你的家庭成员、朋友、运动员、音乐家或知名人士。有很多人曾经自尊水平很低，但他们都成功地改变了自己，变得更加自信，并且能够重视和尊重自己。

为了提高自尊，你需要**发现自己的优势**，为积极的事情感到**高兴**，并**重视自己**。

发现自己的优势

自尊水平低的人常常自我批评，总是关注自己的劣势和做错的事情。他们会批评、责备自己，最终感到自己非常无用且一文不值。

试着发现自己的**优势**。尽管这可能很困难，但总有些时候，你是成功的，能够**面对**和**应对挑战**。

✓ 发现自己的优势，寻找那些进展**顺利**的、你**喜欢**的事情及你**应对**过的挑战。尝试从**不同方向**发现自己的优势和能力。

▶ **你在空闲时间喜欢做什么？** 你擅长或享受什么？演奏乐器、玩游戏、表演、画画或照顾小动物？

▶ **你喜欢什么体育活动？** 散步、跳舞、健身、踢足球、骑自行车还是游泳？

▶ **在学校或公司，你会做些什么？** 你的经理会对你说什么？你是否努力工作，按时完成任务并参与讨论？

▶ **你取得了什么成就？** 你做过什么特别的事情吗？你是否在比赛中表现出色，是否因为特别的原因而被提及，或者是否因任何特别的事情而被选中？

▶ **人们喜欢你什么？** 人们为什么想和你在一起？你是善良的、有爱心的、有趣的、意志坚强的、有想法的或善于安排工作？

▶ **你的人际关系如何？** 你的朋友或家人会怎么评价你？你是一个好的倾听者，还是一个忠诚的朋友，或者是愿意为他人提供帮助的人？

🔍 你不可能什么都擅长，所以你可能无法在每个领域都发现自己的优势。如果你发现很难找到自己的优势，可以询问你的朋友、老师或父母。

发挥自己的优势

一旦你找到了自己的优势，下一步就是考虑如何发挥这些优势，从而帮助你应对未来的问题和挑战。

你是如何发展自己的技能的？

▶ 一开始你可能做得不是很好，那么你是怎么学会并变得这么好的？

▶ 你有没有练习过，有没有下定决心，有人帮助过你吗？

▶ 你能用这些想法来帮助自己应对挑战吗？

体育运动让你感觉如何？

▶ 当你进行体育运动时，是否会感觉更好？

▶ 它是否会给你一种成就感或自豪感？

▶ 当你感到情绪低落或有压力时，你能做一些运动来让自己感觉更好吗？

你如何应对挑战？

▶ 你在学校或工作中所做的事情是否对其他问题有帮助？

▶ 你是否探究过该做什么，或者是否探究过与他人合作？

▶ 这些方法能否帮助你应对生活中其他方面的挑战？

你是如何达成自己的成就的？

▶ 你是如何脱颖而出的？

▶ 你是如何激励自己并有信心做到这一点的？

▶ 你能从中学习，并应对其他挑战吗？

你如何利用自己的特质？

▶ 你的个人优势能否帮助你解决问题？

▶ 你是否有主见、有创造力或有条理性？

▶ 这些技能可以帮助你克服困难吗？

你的人际关系能帮助你吗？

▶ 是否有你信任或重视的人可以提供帮助？

▶ 他们对你的社交技能有何帮助？

▶ 你的社交技巧和友谊可以帮助你应对挑战吗？

想一想你是如何**获得这些技能**的，以及如何将它们**应用**到生活中不太顺利的地方。

发现积极的方面，并为此感到高兴

一旦你找到了自己的优势，就需要专注于生活中的**积极**方面，并**欣赏**自己所做的事情。这将帮助你感觉更好，更自信，并对自己有更平衡的认识。请试着寻找以下内容：

► 发生的**好事**；
► 你**享受**的事物；
► 你能够**应对**的时刻；
► 你**取得**的成就，哪怕是最微小的成就。

记录**积极日记**可以帮助你做到上述事情。你可以每天至少记录一件积极的事情，并通过列表帮助自己记住这些事情的确发生过。

当你完成日记时，试着寻找以下内容：

► **让你感觉良好的事情**——看一部有趣的电影，听听音乐，或者洗个热水澡；
► **你喜欢的事情**——跟朋友聊天、散步或烹饪；
► **你能应付的事情**——在新的环境中加入讨论，或者与你不太了解的人交谈；
► **你做到的事情**——完成一项任务，掌控自己的情绪，或者在家帮忙。

当你感到沮丧或绝望时，请翻阅日记。这将有助于你保持平衡并提醒自己，虽然过程可能相当艰难，但**总有好事发生，你也能够应对**。

照顾自己

如果你的自尊水平较低，你可能不会重视自己。你可能会觉得自己并不重要，也可能无法尽自己所能照顾自己。你可能**吃**得不好，**睡眠**不好或不做太多**运动**，由此变得不健康。照顾好自己，你可能会感觉更好。

▶ 饮食

均衡和规律的饮食将**有助于你的身心健康**。健康的饮食有助于控制体重，并预防一些与超重有关的疾病，如糖尿病、心脏病和高血压等。

有很多方法可以帮助你实现健康的饮食，但有时建议太多反而让人感到不知所措。你可以尝试以下 **5 个技巧**。

- ▶ **吃早餐** 早餐可以帮助你集中注意力，还可以帮助你控制体重。
- ▶ **规律饮食** 如果你不吃饭或经常吃不健康的食物，这可能会增加你的体重。
- ▶ 每天尽可能**多吃新鲜水果或蔬菜**。
- ▶ **限制含糖食物和饮料** 因为它们会导致体重增加和健康问题。
- ▶ **喝水** 每天至少喝 1.5~2 升水，以防止脱水。

▶ 睡眠

良好的睡眠有助于保持身体健康，特别是对青少年而言。他们的身体和大脑仍然处于发育期，也因此比成年人需要更多的睡眠时间。

常见的睡眠问题有以下两种：

▶ 睡眠不足；

▶ 难以入睡。

▶ 我需要多长的睡眠时间

你需要多长的睡眠时间取决于你自己，但大多数人每晚需要的睡眠时间大约为 **7 小时到 9 小时**。每个人都有睡眠不好的时候，醒来后会感到疲倦。但如果这种情况持续发生，你可能会有以下感觉：

▶ **持续感到疲惫；**

▶ **白天感到困倦；**

▶ **注意力不集中；**

▶ **饮食过量；**

▶ 摄入过多**咖啡因、糖类或能量饮料；**

▶ 容易感到**烦躁**或**愤怒；**

▶ 可能会感到**难过**或**沮丧**。

如果你醒来后感觉神清气爽，能够集中注意力，并且白天不犯困或不会睡着，那么你的睡眠时间就是充足的。

如果你醒来后感到疲倦、起床困难、无法集中注意力、白天容易犯困或睡着，那么你可能睡眠不足。

你可以通过写**睡眠日记**来检查自己的睡眠时间。记录上床的时间，需要多长时间才能入睡，晚上醒来多少次，早上什么时候醒来，什么时候起床。

我没有得到充足的睡眠

如果你感到睡眠不足，请尝试**调整自己的生物钟**，这会让你在特定时间入睡和醒来。你可能会注意到，自己在周末的起床时间与周中的起床时间相同。这是因为你内在的生物钟每天都在固定时间唤醒你。

如果你没有得到充足的睡眠，那么可以做以下事情加以改善：

▶ 写**睡眠日记**并记录自己的上床时间；

▶ 从现在开始**提前半小时**上床睡觉；

▶ 确保自己**在早上的同一时间**起床，并且白天不犯困；

▶ 如果几天后你仍然感到疲倦，请将上床时间**再提前半小时**，直到你觉得自己的睡眠时间充足。

你可以通过提前半小时睡觉来**重新设置自己的生物钟**。如果几天后你仍然感到疲倦，请再提前半小时上床睡觉，直到睡眠时间充足为止。

我无法入睡

无法入睡令人十分沮丧。你可能会发现，你越是努力让自己入睡，就会变得越清醒。

帮助自己睡个好觉的有效方法是养成**良好的夜间作息习惯**。

▶ **让卧室变成一个安静、平和、适合睡眠的地方**，确保卧室不会太热或太冷，并且尽可能保持卧室安静和舒适。

▶ **睡前有一段放松期**，做一些有助于你放松的事情，如喝牛奶、洗澡／淋浴、看电视、看书或听音乐。

▶ **避免在睡前进行让自己保持清醒的活动**，不要进行刺激性的活动，如进行体育锻炼或玩游戏。

▶ **至少在睡前一小时关闭发光设备**，如计算机屏幕和智能手机，它们产生的蓝光会影响你身体分泌的睡眠诱导激素（即褪黑素）水平，进而影响你的睡眠。

▶ **避免在晚上饮用含咖啡因的饮品**，例如，咖啡、茶和碳酸饮料等都含有咖啡因，可能让你难以入睡。

▶ **睡前不要喝太多或吃太多**，否则你可能会觉得不舒服，从而难以入睡。

▶ **确定一个固定的上床时间**，每晚都按时上床睡觉。

▶ **写睡眠日记**以检查睡眠状况。记录自己什么时候上床，多久能够入睡，晚上醒来多少次，早上什么时候醒来，什么时候起床。

▶ **减少摄入会让自己保持清醒或扰乱睡眠的东西**，如酒精、香烟。

▶ **尝试每天锻炼**，让自己在上床准备睡觉时感到疲惫。

如果 20 分钟后你仍然醒着，那么请从床上起来。你应该让自己的身体养成习惯：在床上睡觉，而不是清醒地躺着。你可以做一些让自己平静下来的事情，如看书、听音乐或做一些益智游戏，然后回到床上再尝试一次。

> **规律的上床时间**可以帮助你放松身心，并为睡眠做好准备。尽量避免发光屏幕和任何可能刺激你的东西。

▶ 体育运动

定期进行体育锻炼可以帮助你预防严重的健康问题，如心脏病、高血压和糖尿病，并降低受到焦虑和抑郁等心理健康问题影响的风险。

运动可以减轻压力感，并帮助你保持健康的体重。运动时大脑释放的化学物质也会让你感觉更好。

✓ 尝试进行**适度的体育锻炼**，以提高心跳频率和呼吸频率。每次锻炼持续 30 分钟，**每周 5 次**。找到你喜欢的锻炼方式，并将其融入你的日常生活。

找到你喜欢的体育运动，以下是一些示例：

▶ 健身、跑步、慢跑、游泳、做操或骑自行车；

▶ 球类运动，如足球、网球、篮球、橄榄球、曲棍球或板球；

▶ 遛狗、学习舞蹈、整理卧室、跳绳和洗车等日常活动；

▶ 跟随舞蹈或运动视频在家中练习。

将运动融入日常生活，以下是一些示例：

▶ 提前一站下车，并步行回家；

▶ 走楼梯而不是坐电梯；

▶ 骑车或步行去商店，而不是乘车。

每天锻炼 30 分钟，每周锻炼 5 次：

▶ 如果 30 分钟对你来说太长，可以从每天 10 分钟开始，并逐周增加活动量；

▶ 如果你无法一次完成 30 分钟的锻炼，可以尝试每天两次 15 分钟的分段锻炼；

▶ 如果你什么都不想做，可以为自己设定一个更容易实现的目标。记住，任何运动都比没有好。

高自尊的人重视自己、尊重自己、重视自己所做的事及取得的成就。

你可以通过关注和发挥自己的优势来提高自尊。找到生活中的积极方面并照顾好自己。

如果你能照顾好自己，你就会感觉更好，也更有能力应对问题和挑战。

发现自己的优势

有时我们会忘记或忽视我们的优势和技能，而专注于那些我们做不到的事情。记住自己擅长的事情可以帮助你做到以下几点：

▶ 自我感觉良好；

▶ 更加自信；

▶ 面对挑战并解决问题。

发现自己的优势并将它们写在下面的方框中。

我能做什么（如乐曲创作或演奏、艺术创造、表演、游戏或照顾小动物）？

我喜欢的活动（如散步、慢跑、跳舞、健身或游泳）

我在学校做过什么（如喜欢的课程或你擅长的事情）？

我的成就（例如，学到了一些新东西，或者做了一些特别的事情）

我的优点（如善良、努力、聪明、善于倾听或有趣）

关系——朋友 / 家人（如受欢迎、值得信任、善良和乐于助人）

积极日记

我们很擅长关注那些消极的事件，而经常忽略或贬低积极的事件。

为了更加平衡地了解生活中发生的事情，请每天至少写下一件发生的积极事件。这可能是一些类似下列的事件：

- ► 你享受的事件；
- ► 你成功应对的事件；
- ► 你达成的事件；
- ► 让你感觉良好的事件。

日期	事件

关注列表中内容的增加，可以帮助你看到积极的改变。

知名人士的自尊

自尊是我们看待自己及自己所做事情的方式。高自尊者有以下特征：

▶ 尊重和重视自己；

▶ 自信；

▶ 认可自己的优势，并为自己的成就感到自豪。

想想你尊敬的知名人士、电影明星、运动员或音乐家，有些人拥有高自尊，而有些人则拥有低自尊。他们都是怎么做的？他们做了什么？

具有较高自尊的知名人士是谁？

他们是怎么做的，他们做了什么？

具有较低自尊的知名人士是谁？

他们是怎么做的，他们做了什么？

你如何评价自己的自尊？

```
      1   10   20   30   40   50   60   70   80   90  100
      ├────┼────┼────┼────┼────┼────┼────┼────┼────┼────┤
    很低                                              很高
```

睡眠日记

如果你认为自己睡眠不足，请尝试记录睡眠情况，看看是否有任何规律。

	示例	周一	周二	周三	周四	周五	周六	周日
上床前一个小时你都会做些什么	玩游戏							
你一般什么时候上床睡觉	23: 15							
你一般什么时候能够入睡	1: 20							
你夜里会醒几次	不会醒							
你一般什么时候睡醒	9: 30							
你一般什么时候起床	11: 00							
你的睡眠质量如何 　1　2　3　4　5 非常差　　　非常好	4							

确保你的夜间作息没有大的变化，

并尝试每天在相同的时间上床睡觉并在相同的时间起床。

体育活动日记

记录你每周进行了多长时间的体育锻炼。

适度的体育锻炼会达到以下效果：

▶ 提高你的心率；

▶ 加深呼吸；

▶ 让你感到热起来。

	示例	周一	周二	周三	周四	周五	周六	周日
运动的内容与时间	遛狗 10 分钟 学校体育课 30 分钟 跟视频学舞蹈 15 分钟							
总运动时长	55 分钟							

第 5 章

善待自己

我们并不总是善于照顾自己。我们**经常自我批评**，责备自己，责怪自己的所作所为，并为事情出错或自己的不完美而感到羞耻。

我们从小就被鼓励追求成功、努力学习、参与竞争，并且与他人进行比较。的确，这有助于激励我们，但有时候也会带来问题：

▶ 让我们**从不满足**于自己的所作所为或所取得的成就；

▶ 让我们把所有的错误都**归咎于自己**；

▶ 让我们过于**关注自己的不完美和失败**；

▶ 让我们从来**意识不到自己的优势**，或者从来**不为自己的成功感到高兴**。

我们形成了一种**批判性的内心声音**。我们总是对自己不友善，不断地批评自己，这也让我们感觉更糟。

我们不应该分裂自己，而是要**接受以下内容**：

▶ 事情会**出错**；

▶ 我们**并不完美**；

▶ 我们**会犯错**；

▶ **不好的事情确实会发生。**

> 我们需要**对自己好一些**。我们需要停止苛刻地对待自己，并悦纳自己的本来样貌，承认自己的优势，为自己取得的成就而自豪。

▶ 8 个有用的习惯

善待自己可能让人感觉有些奇怪。因为你可能习惯于倾听内心自我批评的声音，所以改变这一点可能需要很长时间。你可以尝试做这些有用的练习并养成习惯，以帮助自己学会友善地对待自己。

像对待朋友一样对待自己

我们常常会很快发现自己的错误，并批评自己。这些**内心自我批评的声音**总是会告诉我们，我们是"无用的""失败的""软弱的"，或者将我们称为"笨蛋""白痴""失败者"。当我们这样对待自己时，我们不可避免地会感到更大的压力，也感到更愤怒、更沮丧。

我们通常对待自己比对待他人更加苛刻。如果你听到你的朋友如此批评自己，你会对他们说什么？

▶ 如果你的朋友穿上了新裤子，并说："这条裤子显得我很胖。"你大概率不会回答："是的，你真的看上去有点胖。这条裤子让你显得更魁梧了。"

▶ 如果你的朋友在考试中得了 C，然后说："我永远也学不会这个。我是个白痴。"你可能不会说："是的，你真的很蠢，而且你总是做错事。"

▶ 如果你的朋友被甩了，然后说："我是个失败者。我永远不会遇到另一半了。"你也不会说："是的，你就是个失败者。没人愿意跟你约会。"

你可能会做出以下行为：

▶ 关心他们；

▶ 尝试安慰他们；

▶ 对他们说一些好话；

▶ 尝试让他们振作起来。

当你注意到内心自我批评的声音时，你可以写下自己的想法。你需要准确地写下内心自我批评的声音所说的内容，虽然这可能会让你感到有些奇怪或尴尬。

▶ **稍等片刻**，然后再次查看自己所写的内容。

▶ 问问自己，如果你听到自己的朋友在想这些话或说这些话，**你会对他们说什么**。

▶ 尝试以对待朋友的方式对待自己。给自己写一条**更友善**、不那么苛刻的信息。

与其倾听内心自我批评的声音，不如试着**对自己更友善**，像对待朋友一样对待自己。

不要在情绪低落时责备自己

如果你感到有压力、愤怒或情绪低落，请不要因为这些糟糕的感觉而责备自己，这会使情况变得更糟。如果你感冒了，你就不会责怪自己，而是照顾自己，做一些事情来让自己感觉好起来。

如果你度过了艰难的一天且感觉不好，请不要为发生的事情或自己的感受而惩罚或责备自己。相反，你可以**关心一下自己**，做一些让自己感觉更好的事情。

- ▶ 享受放松的沐浴时间。

- ▶ 涂指甲或做头发。

- ▶ 观看喜欢的电视剧。

- ▶ 散步。

- ▶ 吃一块蛋糕或饼干。

- ▶ 喝一杯热巧克力。

停止责备自己。你值得被更好地对待。照顾好自己，**做一些让自己感觉更好的事情。**

原谅错误

我们内心自我批评的声音非常善于发现我们的错误。与其专注于这些错误，并责备自己，不如试着**宽容**一些。请记住以下内容。

我们都会犯错。每个人都会犯错，所以不要因为犯错而苛刻地对待自己。你可以尝试从错误中吸取教训，并为下一次遇到类似的情况制订计划。

我们都有休息日。有些日子会比另一些日子好过，这就是世界的运转规律。明天再试试，看看会发生什么。

要有耐心。把事情做好往往需要时间。你无法立刻学会骑自行车、演奏乐器或做某项运动，这些都需要时间。你可以庆祝自己已经取得的成就，而不是因为那些尚未完成的事情批评自己。

允许自己犯错。从所发生的事情中学习，并思考下一次遇到类似的情况时，你会做什么不同的事情。

庆祝自己的成就

我们都想做得更好，却往往无法满足于自己已经取得的成就。这可能是因为我们的标准实在太高，以致事情总是以失败告终。与其让自己失败，不如**庆祝自己已经取得的成就**。

停止将自己与他人进行比较。我们倾向于找到最成功的人，并将自己与他们进行比较。有所不足也很正常，你不必比其他人都好，所以不要将自己与他人进行比较。

你不能总是做到最好。有人比你优秀是常有的事。知名人士可能会更擅长表演、创作乐曲、演奏或演唱及运动等，但他们也会有其他的事情难以完成。你应该专注于自己的长处，而不是期待自己在每件事情上都做到最好。

避免"必须"和"应该"。这种假设通常会让我们失败。当我们认为自己"必须"或"应该"做什么时，我们真正想表达的是自己还不够好，或者自己做得不对。因此，我们应当识别并珍视自己取得的成就。

奖励努力而不是成功。对结果的过多关注可能会让你想起那些未能达成的目标。你已经尽力做到最好了，所以应当更关注自己的努力，而不是结果。

每天写下自己的一两个成就。随着时间的推移，这将帮助你注意到自己的成就，并为之感到自豪。

接纳自己

我们往往花费很多时间来思考自己的不完美之处，以及应当如何变得与众不同。我们经常对自己感到不满意，想要变得更高、更苗条、更聪明、更有吸引力，或者更擅长运动。

但与其希望自己与众不同，不如**接受并重视自己**。请专注于自己的以下方面。

你的品质——你是否有耐心、坚定、勤奋、善良、可靠、敏感、诚实、善解人意或善于看透事物？

你的人际关系——你是一个很好的倾听者或支持者吗？你是否忠诚、善于关心他人、值得信赖、体贴、具有支持性，或者是一个爱笑的人吗？

你的外表——你的身材比例是否匀称，你是否有漂亮的眼睛、头发、皮肤、手、指甲、嘴巴、牙齿，或者是否有好听的声音？

你的技能——你擅长运动、创作乐曲或演奏、学业、艺术创作、戏剧表演、游戏、烹饪、唱歌、创造、种植、化妆或照顾小动物吗？

> 不要过多关注你想改变的事情，而是**接纳自己**。提醒自己，你很特别，没有人能像你一样。

善待自己

我们内心自我批评的声音非常刺耳且不友善，甚至可能在我们的脑海中说一些会令人感到尴尬的事情。你可以尝试**培养一种更友善的内心声音**。

▶ 你现在感觉如何？

▶ 你并不孤单。

▶ 你需要善待自己。

尝试确定一两个对你有用的简短的"善意"陈述。

▶ "我很难过。每个人都觉得事情很困难。我需要更好地照顾自己。"

▶ "我感觉真的很沮丧。但很多人都跟我一样。我需要接纳我自己。"

▶ "我真的很生气。有时候我们都会感到愤怒。我正在尽自己最大的努力来应对这种情况。"

> 在每天开始和结束时，不断**重复内心更友善的声音**。你可以站在镜子前，用最友善的声音大声说这些话。

发现他人的优点

当我们感到焦虑、愤怒或情绪低落时，通常会产生如下想法：

▶ 所有人都在挑剔你；

▶ 仿佛全世界都不理解你；

▶ 这些事情只在你身上发生；

▶ 所有人都是刻薄和不友善的。

因为你预料他人是不友善的，所以你会更多地关注这方面的证据。你越关注，就会发现越多这方面的证据。

你可以尝试寻找他人表现出关心和体贴的证据，从而反驳这些观点。**假设他们都是好人，并接受他们的善意。**你可以寻找以下这些时刻：

▶ 腾出时间倾听他人，或者与之交谈；

▶ 说好话，诸如"我喜欢你的运动鞋"或"你的头发看起来不错"；

▶ 关心并询问某人是否感觉还好，或者给他一个拥抱、一杯热水；

▶ 帮忙做家务，如做饭或洗碗；

▶ 分享音乐或巧克力，以及类似的事物；

- ▶ 发送一封友好的电子邮件或短信；
- ▶ 对朋友、公交车司机、老师或家长说谢谢；
- ▶ 使某人大笑或微笑。

> 试着每天找出一个说明某人一直很友善的例子。你可能会发现人们比你想象中的更善良。

善待他人

你知道人们对你友善时的感觉有多么美好吗，所以你可以尝试**对他人友善**。例如，给予赞美、微笑、提供帮助，或者花时间倾听他们的想法。

> 在每天结束时，你可以写下自己的友善行为和计划，以确定明天可以做什么来善待某人。

> 我们内心的声音可能是刺耳的、批判性的、不友善的。
>
> 我们需要接受以下这些事实，而不是自责。
>
> - ▶ 事情会出错。
> - ▶ 我们并不完美。
> - ▶ 我们会犯错。
> - ▶ 不好的事情会发生。
>
> 不要对自己"另眼相待"。学会善待自己，善待他人，接纳真实的自己。

像对待朋友一样对待自己

我们常常对自己非常不友善，还会批评自己，这与我们对待朋友的方式截然不同。当你注意到"内心的批评者"时，可以准确地写下自己的想法和对自己的称呼，经过一段时间后，再回来看看自己写了什么。

► 问问自己，如果你听到朋友在想或在说这些话，你会对他们说什么。

► 尝试以同样的方式对待自己，给自己写一个更友善的信息。

我在想什么，我怎么称呼自己？

如果我听到朋友们这样说，我会对他们说什么？

现在我应该对自己说什么？

照顾自己

当你感到情绪低落时，不要因为糟糕的感觉而责怪自己。你可以照顾好自己。

列出所有让你感觉更好的方式。

▶ 泡澡、洗头、化妆或涂指甲。

▶ 看视频、散步或坐在公园里。

▶ 吃点面包、蛋糕或饼干，喝杯热巧克力。

让你感觉更好的方式

当你情绪低落或度过了糟糕的一天时，请照顾好自己。

从上表中选择一些方法让自己感觉更好。

更友善的内心声音

我们内心自我批评的声音通常是非常刺耳且不友善的。你可以尝试以一种更温和的、不那么苛刻的方式与自己交谈。想想那些能够识别的简短陈述，示例如下：

▶ 你现在的感受；

▶ 别人也会有类似的感受；

▶ 你需要善待自己。

"我很难过。每个人都会觉得这些事情很困难。我需要照顾好自己。"

我更友善的声音

我更友善的声音

我更友善的声音

你可以在每天开始和结束时，站在镜子前大声重复更友善的声音。

练习以善意和自信的方式重复它。

寻找善意

我们可以每天花几分钟思考发生了什么，并找到至少一个类似下面的例子：

▶ 有人对你很好；

▶ 你对别人很好。

日期	事件

寻找善意可以帮助你对自己和周围的人感觉更好。

第6章

练习正念

我们总会花费很多时间思考事情，例如，思考正在发生的事情、我们如何看待自己、我们期望他人如何对待我们，以及我们期望未来会发生什么。这些思绪不断地在我们的脑海中高速翻腾。

每个人都有这类想法，这本身并不成问题，但有些人会因此而感到**心烦意乱**。他们将很多时间用于倾听自己的想法，将其当作现实，并**与自己的思想进行辩论**。他们**过度沉浸**于一些情境，花很多时间**回想**已经发生的事情，同时**担忧**将要发生的事情。

> 我们忙于思考过去或担忧未来，因此**我们注意不到现在正在发生什么**。

想一想你今天做了什么。

○ 你真的注意到今天早上你是怎么洗漱的吗？例如，肥皂的气味，流水的声音，你脸上水的温度和触感，肥皂泡的样子，牙膏的味道，牙刷摩擦牙龈的感觉，等等。

〇 你真的注意到你是如何做早餐和吃早餐的吗？例如，你如何把面包放进烤面包机，面包烤熟时的香气，当你咬它时发出的嘎吱嘎吱的声音，当你握着它时手指上的感觉，面包上的不同颜色，当你吃它时的味道，等等。

〇 你真的注意到你是如何走到学校或单位的吗？在路上时，你闻到的气味；你听到的车声、鸟鸣声、人们的交谈声；当你迈出每一步时，你脚上的感觉；你经过的门的不同颜色，你肩上挂着包的感觉；等等。

我们一整天会做很多事，但**我们的心思往往落在别处**，而非我们正在做的事情上。我们常忙于思考已经发生的事情，或者担忧将要发生的事情，而非享受当下正在发生的事情。

> **大多数时候**，我们的不快乐、压力和愤怒都来自对过去的思考或对未来的担忧。**把你的注意力集中在此时此地发生的事情上**可以帮助你拥有更好的感觉。

▶ 正念

正念能够使你关注此时此地你所做的事情，即注意你所经历的情景、气味、声音和味道。用好奇、开放、非评判性的方式来觉察自己的思维和感受。

专注（FOCUS）这个词的每一个字母都能帮助你记住正念的关键步骤。

▶ 集中（F）注意力；

▶ 觉知（O）正在发生的事情；

▶ 好奇心（C）；

▶ 运用（U）感官；

▶ 放下（S）评判。

学会把注意力放在当下发生的事情上可以帮助你摆脱头脑中杂乱的想法。

专注、觉知、好奇、使用感官

我们经常陷入思考，而没有真正注意到我们正在做什么。我们虽然在洗衣服，进食，到处走动，但这时我们的注意力却并不在此，而是在回顾以前做过的事情，或者计划将来要做的事情……

正念的第一步是学会**集中注意力**。

▶ 这就像训练一只好动且好奇心旺盛的小狗。小狗喜欢到处跑，探索它们看到的一切，并不会安静地坐在你身边。

▶ 我们的注意力就像小狗一样。如果我们不把注意力集中于所做之事，我们就会走神，去想其他的事情。

▶ 如果一只小狗四处游荡，我们就会把它叫回来。对待注意力的方式与此类似，一旦你发现自己的注意力在游移，就可以把它引到当下发生的事情上。

关注周围的环境，并觉知此刻正在发生的事情。

▶ 想象一下，你正通过一台拥有大变焦镜头的照相机观察周围。

▶ 在透过照相机观察之前，你会发现许多不同的可关注之事。

▶ 当透过照相机观察时，你的注意力变得更为集中，不再是看向一切事物，而是可以观察更细节且更小的东西。

▶ 当照相机镜头变焦时，视野变得更加聚焦，你会注意到越来越小的细节。

保持好奇心，调动你所有的感官去探测正在发生的事情。

▶ 想象一下，这是你第一次看到这些东西。

▶ 运用你所有的感官去感知周围事物的气味、声音、感觉、景象和味道。

当你练习正念时，你可能会注意到自己的思维会游离。这是再正常不过的事了，你没有做错什么。正念的理念是**训练你的注意力**，掌握这种方式可能需要一些时间。当你的思维游离时，你只需要注意当下发生的事情，把你的注意力带回此时此地就好。

正念呼吸

专注于呼吸是开始学习正念的好方法。呼吸是一直存在的，所以这种方法能够在任何地方使用，并且他人并不知晓你在这么做。

选择一到两分钟不会被打扰的安静时间。舒适地坐下来，把双手放在胸前，是否闭眼取决于你。现在**集中你的注意力，觉知你的呼吸**。

▶ 慢慢地用鼻子吸气，然后用嘴巴呼气。

▶ 保持**好奇心**，将注意力集中在胸膛上。当你吸气和呼气时，留意你的胸膛是如何起伏的。

▶ 在呼吸之间，感受胸部肌肉的紧张和放松。

▶ 倾听呼吸的声音。

▶ 吸气时感受鼻腔里的冷空气，呼气时感受嘴里的暖空气。

▶ 吸气时数 1，呼气时数 2。

▶ 共数 10 次。

▶ 如果你发现自己的思绪游离开来，不要担心。一旦你意识到你的注意力没有放在呼吸上，你就可以把注意力拉回来，数数你的呼吸。

▶ 当你数到 10 后，再重新开始，享受一到两分钟这种平静的感觉。

> 如果你正在担心或反复思考一些事情，那就把你的思维拉回此时此地，**尝试一下正念呼吸。**

正念饮食

我们经常匆匆忙忙，难以真正关注自己每天所做的许多事情。正念饮食练习有助于你将注意力集中在饮食上。

请选择一些你喜欢吃的东西，如巧克力或水果，然后**集中注意力觉知它**。把它拿在手里，仔细看，保持对它的好奇心。想象这是你第一次看到它，并用你所有的感官去探索它。

▶ 关注它的**外观**。它的形状和颜色是什么样的？是有光泽的还是无光泽的？

▶ 关注它的**气味**。它闻起来如何？是甜的还是酸的？

▶ 关注它的**触感**。它是硬的还是软的？它是易碎的吗？当你拿着它的时候，它会发生变化吗？

▶ 放进嘴里，但不要吃。在嘴里感觉它是大还是小？是多汁的还是干的？是被放在舌头上还是嘴角处？

▶ 让它待在嘴里，并关注它的**味道**。它是甜的、酸的、辣的，还是不止一种口味呢？

▶ 关注吃它时**听到**的声音。每咬一口都有嘎吱嘎吱的声音吗？声音是大还是小？咀嚼时声音会改变吗？

把正念饮食纳入你的日常生活。在每顿饭开始时，有意识地感受你前几口吃的食物。把你的注意力放在食物的质地、味道、气味、外观及吃它时发出的声音上。

正念活动

练习正念不一定非得安静地坐着。正念是为了让你关注当下，如果你正在做一些活动，你仍然可以保持正念。

我们每天都要做的一项活动就是走路。我们经常只把行走作为一种到达某处的方法，或者将这段时间用于反思或克服担忧，而没有注意到正在发生什么。你可以**尝试一下正念行走**。

▶ 站直，将注意力集中在双脚所承受的身体重量上。

▶ 当你迈步时，将注意力集中在脚上。

▶ 注意你是如何抬起一只脚，而另一只脚停留在地面上的。

▶ 注意脚底的压力。注意你的脚如何紧贴在你的鞋子或袜子上。

▶ 注意你的脚是如何在抬起时变得更轻的。

▶ 注意鞋子和地面接触的感觉。

▶ 觉知周围的环境，留意你所看到的。当你走路时，把注意力集中在一个物体上，关注它的颜色、形状、大小和图案。

▶ 保持好奇心。调动你的感官，留意你所听到的，专注于风声、雨声、鸟鸣声和汽车声。

▶ 留意你所触及的。你可以专注于脸上热或冷的感觉，肩膀上背包的沉重感，脚下石头的粗糙感。

▶ 留意你所闻到的，包括雨中潮湿的气息、花的香气、食物烹饪的气味。如果你注意到自己走神了，不要担心，把注意力拉回来。

✓ **试着每天做一项正念活动。** 把你的注意力集中在你正在做的事情上——你如何起床、如何从冰箱里拿出饮料、如何做三明治、如何穿衣服或查看手机消息。

正念觉知

我们往往没有真正注意到我们日常使用或看到的许多东西。尝试画一个电视机遥控器、电话或计算机的画像。现在仔细地观摩它们，看看你错过了多少细节。

请每天选择一件物品，然后把你所有的注意力都放在这件物品上，仔细观察一分钟。选择你熟悉的物品，如以下这些物品：

▶ 你的钢笔；

▶ 你的手机；

▶ 一个杯子或盘子；

▶ 你身上穿的 T 恤；

▶ 你所处的房间；

▶ 你乘坐的公共汽车或火车；

▶ 你窗外的树；

▶ 你走过的公园或道路。

> **将注意力集中在日常事务上**是一种快速且有效地关注当下的方式。

放下评判

我们**消耗了大量时间在脑海中思索**，反复回想过往，担忧将来。最终，我们对内心的想法深信不疑，或者将之当作掌控我们生活的事实并与之争辩。当想法和担忧占据主导地位时，我们的头脑变得混乱不堪。

正念可以帮助我们与自己的想法形成一种不同的相处方式。我们可以学会退后一步，把想法和思维理解为心理活动，把我们的感受理解为躯体感觉。我们要**学会放下对它们内容的评判**，只需让我们的想法（思维）在脑海中自在来去，而不是与它们争辩或卷入其中。

- ▶ 你不必试图阻止你的想法（思维），让它们自由来去即可。
- ▶ 你不需要和它们争辩。
- ▶ 它们不是"事实"或"真理"，只是想法（思维）和感受。
- ▶ 它们不是你不好的"证据"。
- ▶ 它们不是你错了的"证据"。
- ▶ 它们是想法（思维）和感受，会像天空中的云或海滩上的浪一样来来去去，如同一个人走过，另一个人到达。
- ▶ 保持好奇心，放下评判。注意它们只是想法（思维）和感受，无法操控你。
- ▶ 远离你的想法（思维）和感受，并且觉知它们。

> **任你的想法（思维）自由来去。**不要试图阻止它们，也不要与它们争辩，接纳它们本来的面目——心理事件和躯体感觉。

正念思维

一旦你能把注意力放在此时此地，你就能用同样的方式将其集中在想法（思维）和感受上。通过好奇地觉知自己的想法（思维），你会发现它们由你创造且并非永久不变，而是会来来去去，你也会注意到想法（思维）会影响情绪反应。你不需要阻止你的想法（思维）或改变感受，只需要留意并识别想法（思维）就好。

请选择一个安静的地方坐下，双手轻轻地放在胸前。在开始时的一分钟，把你所有的注意力都放在呼吸上。

► 调整注意力并将其聚焦在你的想法上。

► 注意你的想法是如何来来去去的。它们就像海滩上破碎的海浪，当一波撞向海岸，另一波会紧随而至。

► 它们就像天空中飘浮的云朵，一朵随风飘走，另一朵可能紧随而至。

► 把每一波海浪或每一朵白云想象成一种想法或感受。

► 当每一波海浪或每一朵白云到来时，注意你的想法或感受。

► 看着它们随着海浪的冲击和云朵的飘走而消失。

► 注意下一波海浪或下一朵白云带来的想法或感受，并看着它们消失。

► **放下评判**。你不需要与它们争辩或对它们做出反应，它们会过去的。

► 你也不必试图阻止或改变它们，你可以任它们到你的脑海中。

► 你只需简单地觉知它们。

每天练习觉知自己的想法（思维）和感受。意识到它们是大脑（心理）的活动和身体的感觉，而非事实。你不需要坚信它们或与之争辩。只需放下评判，觉知它们的来来去去即可。

我们往往花费大量的时间用于思考。我们会担忧未来之事，或者回想过往之事，却无法关注当下之事。

现在，集中你的注意力，觉知正在发生的事情，保持好奇心，并调动感官。学会放下评判，把你的想法看作你大脑（心理）活动的产物。

　　你的想法会不断来来去去。你不需要阻止它们或与它们争辩，它们并非"事实"，也无法控制你。

正念呼吸

正念呼吸是一种集中注意力于当下的有效方法，你可以在一天中按自己的意愿多次使用这种简短的练习。

- ▶ 选择一个在一两分钟内不会被打扰的安静的地方。
- ▶ 找个舒适的坐姿，双手轻轻地放在胸前。
- ▶ 用鼻子慢慢吸气，用嘴慢慢呼气。
- ▶ 注意吸气和呼气时胸部是如何起伏的。
- ▶ 每次呼吸时，感受胸部肌肉的紧张和放松。
- ▶ 倾听呼吸的声音。
- ▶ 吸气时感受鼻腔里的冷空气，呼气时感受嘴里的暖空气。
- ▶ 吸气时数 1，呼气时数 2。
- ▶ 数 10 次，享受这种平静感。

不要担心思绪游离，一旦意识到思绪游离，将注意力带回到呼吸上就好。

正念思维

我们的头脑有时会被连绵不断的想法（思维）和忧虑扰得一团乱麻。因此，我们会沉浸于过去或担忧将来，难以关注当下。

▶ 选择一个不会被打扰的安静的地方。

▶ 开始将你的注意力放在呼吸上。

▶ 一分钟后，将注意力转向脑海中那些翻腾的想法。

▶ 注意你的想法是如何来来去去的。

▶ 它们就像海滩上破碎的海浪，一波撞向海岸，另一波会紧随而至。

▶ 它们就像天空中飘浮的云朵，一朵随风飘走，另一朵可能紧随而至。

▶ 把每一波海浪或每一朵白云想象成一种想法或感受。

▶ 当每一波海浪或每一朵白云到来时，注意你的想法或感受。

▶ 看着它们随着海浪的冲击和云朵的飘走而消失。

▶ 注意下一波海浪或下一朵白云带来的想法或感受，并看着它们消失。

▶ 你不需要与它们争辩或对它们做出反应，它们会过去的。

▶ 你只需简单地觉知它们。

正念观察

每天留意一件通常未被注意或欣赏的事物。可能是以下事物：

▶ 日常用品，如钢笔、盘子、杯子、牛仔裤或一朵花；

▶ 熟悉的地方，如卧室的墙壁、厨房的抽屉或墙上挂着的画；

▶ 经常使用的物品，如手机、计算机、电视或书。

把你所有的注意力都放在你选择的对象上，持续一分钟，并非常仔细地研究它。

日期	我观察到了什么

我真的注意到我所用之物了吗

我们会自然地使用许多日常用品，却对所用之物"视而不见"。例如，我们打开电视机观看节目，在手机上发送消息，在互联网上搜索信息，但并没有真正注意到我们使用的电视机遥控器、手机或计算机键盘。

请你试着画一幅日常物品的图像。它可以是任何东西，如电视机遥控器、手机、早餐麦片盒或咖啡罐。依照记忆画出来，尽可能画得详细一些。

现在看看你画的物品，仔细观察它。使用另一支彩色笔将遗漏的部分添加到画中。

第7章

准备改变

人的一生可能充满坎坷。在与父母、朋友、男/女朋友相处时，或者在大学和工作中，你都会面临许多事情，事实上，几乎每件事都会在某些阶段产生问题。

- ▶ 你可能会**受到家人的批评**。

- ▶ 你的朋友可能**不够友好**，或者把你排除在他们的计划之外。

- ▶ 你可能**不理解**你的工作。

- ▶ 你可能要做一些你**以前从未做过**的事情。

我们相当**擅长**应对和解决遇到的许多问题，然而有些问题应对起来可能比较困难，它们可能是以下列举的情况：

- ▶ **高频发生**的事情；

- ▶ **长久存在**的事情；

- ▶ 具有**压倒性**的事情；

- ▶ 限制你所做的事情。

当问题发生时，我们会感到担忧、有压力、愤怒或不开心。

这些情绪虽然普遍存在，但往往会随着时间的推移而消散，但有时在类似的一些情况下，这些情绪会**变得非常强烈**。

► 生活成了一个**大烦恼**。

► 我们**每时每刻**都感到焦虑或压力满满。

► 我们感到悲伤或不快乐，**不曾有过愉快的时光**。

► 我们感到**愤怒和易怒**，似乎总是在与他人争吵。

当我们感到担忧、有压力、愤怒或不开心时，我们**可能不想做任何事情**。

我们可能会出现以下情况：

► **寻找借口**，拖延事情；

► **回避**让我们担心或焦虑的事情；

► **难以激励**自己；

► **停止**努力做事。

我们需要理解为什么会发生这种情况，以及如何做才能感觉更好并"重获新生"。

CBT 是有效的方式之一，它有助于我们理解自身思考事情的方式及其对我们的情绪和行为的影响。

▶ 你的想法

当我们做某件事情时，许多不同的想法会涌入脑海，但我们并不总是能意识到它们的存在。

有时，一些想法似乎很明显，但如果我们处于焦虑、愤怒或情绪低落的情况下，这些想法往往是无益的。它们往往呈现出以下特点。

- ▶ **非常消极**，专注于可能出现问题的地方——"我不知道该说什么，每个人都会嘲笑我"。
- ▶ **极度批判**自己和自己的行为——"我很蠢，总是把工作搞砸"。
- ▶ **劝自己不要行动**或不要太努力做事——"没有人喜欢我，我还不如待在家里"。

▶ 你的感受

我们每天都会体验到许多不同的情绪。有些是短暂的，有些是有意义的，还有一些似乎持续存在并占据上风。

适应不良的思维方式会**让人感到不舒服**，它可能会让我们感到焦虑、愤怒或不快乐。

- ▶ 如果你认为自己不知道该说什么，你可能会感到焦虑。
- ▶ 如果你认为自己会出错，你可能会感到愤怒。
- ▶ 如果你认为你的朋友不喜欢你，你可能会感到难过。

▶ 你的行为

你的想法和感受会对行为产生影响。

适应不良的想法和不愉快的感受可能会让你**停下来、放弃**或**回避**做事情。

- ▶ 如果你认为自己不知道该对朋友说什么，当你和他们在一起时可能会避免说话。
- ▶ 如果你认为自己会出错，你可能会放弃，不再费心尝试。
- ▶ 如果你认为你的朋友不喜欢你，你可能不再外出，而是独自待在家里。

▶ 消极思维陷阱

由于我们的想法、感受和做出的行为之间相互关联，我们最终会陷入消极思维陷阱。

无益的思维方式让我们**感到不愉快**，并**阻止**我们行动。

我们现在的行为方式会证实我们的想法，就仿佛被施了魔法般，这种无益的想法成真了。

- ▶ 因为你和朋友在一起时不太说话，你会更担心"他们觉得和我无话可说，不想和我一起出去玩"。
- ▶ 因为你不敢尝试，你可能会把事情搞砸，并想到"我就知道我很笨"。
- ▶ 因为你不和朋友出去，你可能待在家里并想到"我知道没有人喜欢我，我又要独自待在家里了"。

有时，我们都会陷入这种消极思维陷阱，但有些人会难以摆脱陷阱。

▶ 他们的想法**往往毫无帮助**。

▶ 他们在**大多数时候都感到不开心**。

▶ 他们最终做的**事情比他们想做的少**。

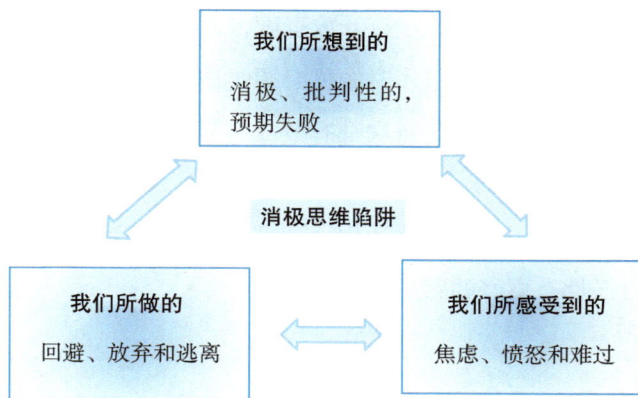

▶ **有益信息**

如果我们能更多地了解自己的思维方式，我们可能会发现促使自己变得更好的方法，以及能有效应对问题和挑战的方法。

我们可以通过检测思维方式来做到这一点，以此**形成更有益且平衡的思维方式**。这样做时，我们会发现以下情况。

▶ 事情可能会出错，但它们往往没有你想象中的**那么糟糕**。

▶ **你能够应对**，但你经常忽视或淡化这些时机。

▶ **你可以**做些事情来改变感受，并重新掌控生活。

你准备好尝试了吗

与问题共处往往很困难，它们会阻止你做想做的事情。你可能希望事情变得不同，但尝试改变并不总是容易的。改变意味着你需要做到以下几点。

对新想法持开放态度：有些想法可能看起来很奇怪，但你可能会惊讶地发现它们如此有用。因此，对新的想法持开放态度，不要对它们不屑一顾。

尝试以不同的方式做事：很多时候你必须尝试以不同的方式做事，并练习新的技能和应对方法。没有什么是每次都有效或有帮助的，所以请对每个新想法都多尝试几次。

保持积极：挑战和担忧可能会让你感到难以承受，但你要保持积极，看看做些什么能够让自己拥有更好的感觉。

> 当你感到有动力并相信你能改变自己的感受时，本书才能够起到最好的作用。如果你缺乏信心，那么这些想法可能不会那么有帮助。因此，等你觉得更有动力时再使用它们可能会更合适。

我的目标

如果你准备好了尝试改变，那么下一项工作就是设定目标。你希望事情有什么不同？你想做什么？

> 为自己设定目标有助于你**专注未来**。它们会提醒你，你想实现什么，并帮助你检测正在取得的进展。

最好的目标是 SMART 目标。

具体的（Specific）——明确且积极地规划你想做什么。让目标更明确一点——"我会去健身房，每周训练两次"，而不是仅设定一个"健身"的目标。

可衡量的（Measurable）——选择一个可衡量的目标很重要，这样可以核查自己的进展。所以，你的目标不是"我将更善于交际"，而是"我会在本周内抽出两天和别人一起吃午饭"。

可实现的（Achievable）——目标应该有推动作用。如果它们太大，可能会让人觉得难以做到。如果你连起床都费劲，那么"每天和朋友出去 1 小时"的目标几乎不可能实现。因此，确保你设定的目标是能够实现的。

相关的（Relevant）——选择对你重要的目标。如果你想经常出去，那么选择"去当地超市"的目标并无效果，除非这是你真正想做的事情。所做之事能让你感到高兴和自豪，这才是合适的目标。

有时限的（Timely）——确保你能在合理的时间内达成目标。如果时间太长，你可能会变得沮丧，觉得自己没有任何进步，因此，最好选择更小且能更快实现的目标。

SMART 目标集中在你想要达成的目标上。一旦你选择了目标，**每周**在 1（没有进展）和 10（完全实现）之间给它们**打分**，看看你取得了多大的进展。

奇迹问题

另一个发现目标的方法是问自己"奇迹问题"。奇迹问题并非专注于你现在的问题，而是让你思考未来如果你不再有任何问题，你和你的生活会有什么不同。以下是奇迹问题的可能示例。

想象一下，奇迹在一夜之间发生了，当你早上醒来时，你发现所有的问题都消失了。

▶ 你会有**什么感觉**？

▶ 你会**做什么**？

▶ 你会如何**看待**自己和你所做的事情？

▶ **其他人**如何知道事情发生了变化？

想想**未来**，你希望事情有什么不同。现在想想你可以采取哪些步骤来实现这一目标。

如果我们以无益的方式思考，就会让我们感到不愉快，并妨碍我们行事。这就是消极思维陷阱。

我们需要了解这是如何发生的，这样才能摆脱这个陷阱。

想想你希望事情有什么不同，并给自己设定一些目标。

你准备好改变了吗

你可以通过选择一个从 1 到 100 的数字代表你对这些问题的确信程度，以此检查你是否准备好做出改变。

```
  1    10    20    30    40    50    60    70    80    90   100
```
我完全不相信   我完全相信

问题	得分
我有一些方法来应对我的问题。	☐
我可以克服我的问题。	☐
我认为这种工作方式（CBT）会对我有所帮助。	☐
我能够改变事情。	☐
现在是尝试和改变的恰当时机。	☐

什么事情可能会阻碍或阻止你做出这些改变？

如果你在上述这些问题中的任何一个得分都低于 50 分，你可能需要和某人谈谈现在是不是尝试改变的合适时机。

115

认知行为疗法

什么是认知行为疗法（CBT）？

CBT 有助于我们理解自己的想法、感受和行为之间的联系。

为什么这种联系很重要？

人们经常以消极的、批判性的或无益的方式思考，这会让他们感到焦虑、愤怒或不快乐。

当我们有这样的感受时，我们会发现自己很难行动起来。我们做得越少，想得越多，情绪就会越糟糕。

CBT 如何改变这一点？

CBT 将帮助你找到更有益且平衡的思维方式，以及学习如何管控你的不良情绪。它将帮助你恢复原有的生活，使你能够随心而为。

CBT 对我有帮助吗？

CBT 是帮助青少年处理问题和应对挑战的非常有效的方法。我们不确定它能在多大程度上帮助你，但你可能会发现其中一些方法对你来说是有用的。

CBT 的治疗过程中会发生什么？

我们将共同努力探索你的思维方式，并尝试使用不同的思维方式来找出什么事情可以让你感觉更好，以及能够让你做想做的事情。

奇迹问题

想象一下，一夜之间奇迹发生了，当你早上醒来时，你发现所有的问题都消失了。

你会有什么感觉?

你会做什么?

你会有什么想法?

其他人如何知道事情发生了变化呢?

什么样的小步骤可以带你走向没有问题的未来?

1.

2.

3.

我的目标

给自己设定一些目标，这些目标会提醒你，你想实现什么，以及你正在取得多大的进展。确保你设定了 SMART 目标，并在 1 到 100 之间做出选择，评估你每周的进展。

我的目标	我做得怎么样									
	第 1 周	第 2 周	第 3 周	第 4 周	第 5 周	第 6 周	第 7 周	第 8 周	第 9 周	第 10 周
1.										
2.										
3.										

第8章

想法、情绪和行为

CBT 帮助我们理解**我们的想法、情绪和行为**之间的联系。

消极的、批判性的或无益的**思维**方式会使我们感到悲伤、焦虑或愤怒。

当我们**感觉**悲伤、焦虑或愤怒时，我们会难以做事或无法应对挑战。

我们做得越少，思考的时间就越多，感觉就越糟糕。

有时，我们可能会陷入**消极思维的陷阱**中：思维非常消极，没有益处。有时，我们都会陷入这种困境，有些人会被困住，找不到出路。

通过质疑和挑战自己的思维方式，我们可以做到以下内容：

▶ 发展出更**积极、更平衡、更有益的思维方式**；

▶ **感觉更快乐、更少担忧、更平静**；

▶ 当我们的感觉更好时，我们会**更有动力**做事，也能更好地面对问题和挑战，并解决问题，应对挑战。

理解我们的想法、情绪和行为之间的联系有助于我们摆脱消极思维的陷阱。

▶ 我们如何陷入思维陷阱

我们的思维方式会随着时间的推移而发展，并受到生活中**重要事件**的影响。

- ▶ 如果你经历过很多疾病或事故，你可能会认为"坏事总发生在我身上"。
- ▶ 如果你总被欺凌或朋友不多，你可能会认为"人们不喜欢我"。
- ▶ 如果你经常被批评或训斥，你可能会认为"我是个失败者"。

▶ 核心信念

重要事件可以引导我们发展出一些非常固着的思维方式，我们称之为**核心信念**。这些核心信念都是**固定的**、**僵化的**、**不灵活的思维方式**，与以下方面有关。

- ▶ **我们自己**，如"我是善良的"。
- ▶ **我们的行为**，如"我总是把事情搞砸"。
- ▶ **我们期待被如何对待**，如"人们不喜欢我"。
- ▶ **未来**，如"我会成功"。

核心信念通常是非常简短的陈述，在我们遇到的所有情境中发挥作用。

▶ 假设

核心信念可以是**有益的**，能够帮助我们理解我们的生活。它们帮助我们预测或假设可能发生的事情和他人的表现。我们认为，**如果**发生了一些事，**那么**就会有其他事紧随其后。

- ▶ **如果**"我是善良的"，**那么**其他人就会喜欢我。

▶ **如果** "我努力学习"，**那么**我就能获得好的考试成绩。

▶ **如果** "大家都想针对我"，**那么**人们就不值得被信任。

▶ **如果** "我是成功的"，**那么**我就会找到好工作。

> 信念和假设可以是**有益的**。它们**激励**我们去做事，鼓励我们去面对挑战，使我们**获得好的感受**。

▶ 无益的信念

有时，我们的核心信念可能是**无益的**，例如，"我一定要完美""我是个失败者"或"没有人爱我"这样的信念可能会导致我们陷入以下情况：

▶ 做出**错误的预期**；

▶ **使我们陷入失败**；

▶ 使我们**感觉糟糕**；

▶ **限制我们所做的事情**；

▶ **阻碍我们**的行动。

"**我一定要完美**"这样的信念，可能会让你认为自己永远都做得不够好。这会使你感到有压力或不快乐，因为你会时不时地重复检查自己的工作。

"**我是个失败者**"这样的信念，可能会使你认为努力做作业毫无意义。你可能会感到难过，甚至因为不交作业而在学校陷入麻烦。

"**没有人爱我**"这样的信念，可能会使你认为他人对你都不友好。你可能会感到悲伤或担心，花很多时间独处。

信念和假设可能是无益的。它们使我们缺乏面对挑战的动力，并且使我们感觉不舒服。

▶ 固着的信念

核心信念是非常固着和有力的思维方式，可以抵抗任何挑战。我们总是通过两种方式来维持核心信念。

我们不断地寻找证据，即使再微小的证据也不放过，从而证明我们的信念是正确的。

> ▶ 你的妈妈可能今天很忙，确实没有时间洗你刚好想穿的那件衣服。但是，你可能会认为这是"没人在意我"的证据。

我们会忽视那些与我们的核心信念不符的事情，或者将其视为并不重要的东西。

> ▶ 如果你持有"没有人喜欢我"这样的信念，你可能会拒绝承认父母所说的"他们不是那个意思"，以及任何其他积极的评价。

▶ 激活你的信念

我们有很多核心信念。它们就像一连串的电灯开关，虽然一直存在，但只会在特定的时间被激活，在我们的思维中变得活跃。

核心信念形成于事件与情景之中，当类似事件发生时，核心信念将被激活。

▶ 被要求完成自己的任务，可能会激活你的核心信念"我一定要完美"。

▶ 没有通过驾照考试，可能会激活你的核心信念"我总是失败"。

▶ 被男朋友或女朋友抛弃，可能会激活你的核心信念"没有人爱我"。

▶ 自动思维

核心信念和假设一旦被激活，我们就会产生大量的想法。这些想法被称为**自动思维**。它们从我们的脑海中闪过，对当下正在发生的事情实时做出评论。

这些是我们最容易注意到的想法。当我们不忙时，我们会经常注意到它们。如果我们的信念和假设是无益的，我们的自动思维就会是消极的、批判性的。

消极的想法集中在可能出错的地方。

"我不知道该说什么，大家都会笑我的。"

批判性的想法会批评你和你的表现。

"我很愚蠢，总在学校作业上犯错。"

无益的想法会劝说你不要采取行动或不要做出应对。

"没有人喜欢我，我还是待在家里好了。"

▶ 被要求完成自己的任务，可能会诱发消极自动思维，例如，"我不知道该做什么""这不够好"，或者"我确信这是错的"。

▶ 没有通过驾照考试，可能会导致消极自动思维，例如，"我搞砸了""我永远都没有能力开车"，或者"那个考官不喜欢我"。

▶ 一段关系的结束，可能导致消极自动思维，例如，"我就知道这不会长久，永远不会""他 / 她在取笑我"，或者"我再也不会有另一段恋情了"。

▶ 你的感受

你的想法会影响你的感受。

积极的或**有益**的**想法，会使你感觉良好**。

- ▶ 如果你想到"我很期待这次聚会"，你可能会感到兴奋。
- ▶ 如果你想到"我穿这些衣服很好看"，你可能会感到开心。
- ▶ 如果你想到"我知道该如何做"，你可能会感到轻松。

消极的或**批判性**的**想法，会使你感到不愉快**。

- ▶ 如果你想到"没有人会来我的聚会"，你可能会感到焦虑。
- ▶ 如果你想到"这些衣服不适合我"，你可能会感到不开心。
- ▶ 如果你想到"我不知道该怎么做"，你可能会感到愤怒或紧张。

许多时候，这些感受不会特别强烈，会很快消失。事实上，你甚至都不会注意到它们。

但也有些时候，这些不愉快的感受会占据上风。它们会变得非常强烈或持续出现，最终导致你常常感到紧张、不快乐或愤怒。

▶ 你的行为

当这些感受持续出现或变得非常强烈时，它们就会开始影响我们的行为。我们想要保持良好的感觉，因此会多做使我们感觉好的事情，少做使我们感到不愉快的事情。

如果我们**感到不愉快**，我们就会采取以下行为：

- ▶ **停止**正在做的事情；

▶ **回避**可能比较困难的情境；

▶ **放弃**做一些事情的尝试。

如果你在学习或工作中遭到批评并感到愤怒，你可能会因此而**不去**上班或上学。待在家里可能会让你感到更平静。

如果你在与他人交谈时感到焦虑，你可能会**回避**出门。待在家里或独自一人会让你感到更放松。

如果你感到悲伤和难过，你可能会没有太多精力做事。你会感到缺乏动力，并**放弃**过往曾让你享受的事情。

▶ 消极思维陷阱

你做的事情越少，独处的时间就越多，你脑中出现的无益想法就越多。

因为你的信念非常固着、想法频繁地出现，所以你会**寻找证据**证明自己的**想法**一直以来都是**正确**的。

▶ 接到学校工作人员打来的电话，要求和你面谈你的出勤情况，这可能会证明你持有的"他们要指责我"这个想法。

▶ 独自待在家里，可能会证明"我没有朋友"这个想法。

▶ 没有去运动社团训练，可能会证明"我什么都做不到"这个想法。

这就是**消极思维陷阱**，看起来，你的想法似乎神奇地被证实了。由于我们经常寻找证据支持自己的消极想法，而忽视或不予理会不符合这些想法的事实，因此，我们有必要再检查一遍它们。我们往往只看到了故事的一面，所以，我们应当检查一下自己忽视了哪些信息？

▶ 你可能忽视了，学校工作人员会表示，他们想帮你重新回去上课。

▶ 你可能忽视了，朋友在给你发的短信中问你是否想在周末一起做点什么。

▶ 你可能忘记了，你今天身体不太舒服，但你上周确实去训练了。

你可以摆脱消极思维陷阱。学会**发展更有益和更平衡的思维方式**会使你感觉更好，并帮助你去做真正想做的事情。

我们会感觉不舒服或无法行动，这可能是由我们的思维方式造成的，即由消极思维陷阱造成的。

我们需要理解自己的想法、感受和行为。

发展出更平衡、更有益的思维方式会使我们感觉更好、更有动力做出行动。

消极思维陷阱

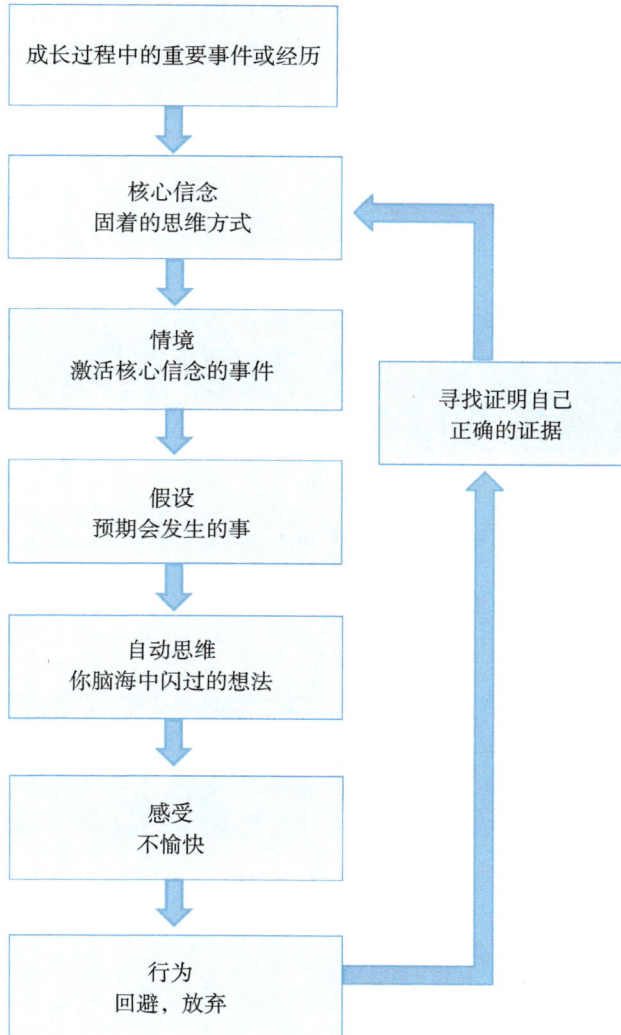

```
┌─────────────────────────┐
│  成长过程中的重要事件或经历  │
└─────────────────────────┘
            ↓
┌─────────────────────────┐
│        核心信念            │
│       固着的思维方式        │◄──────────┐
└─────────────────────────┘           │
            ↓                          │
┌─────────────────────────┐           │
│         情境              │           │
│    激活核心信念的事件       │   ┌──────────────┐
└─────────────────────────┘   │  寻找证明自己    │
            ↓                  │  正确的证据      │
┌─────────────────────────┐   └──────────────┘
│         假设              │           ▲
│     预期会发生的事          │           │
└─────────────────────────┘           │
            ↓                          │
┌─────────────────────────┐           │
│        自动思维            │           │
│   你脑海中闪过的想法         │           │
└─────────────────────────┘           │
            ↓                          │
┌─────────────────────────┐           │
│         感受              │           │
│        不愉快             │           │
└─────────────────────────┘           │
            ↓                          │
┌─────────────────────────┐           │
│         行为              │───────────┘
│       回避，放弃           │
└─────────────────────────┘
```

无益的想法

找出一个你认为困难的情境，写出下面的内容：

▶ 这个情境是什么；

▶ 你觉察到的脑海中浮现的想法；

▶ 你觉察到的感受和身体信号；

▶ 你最终做了什么。

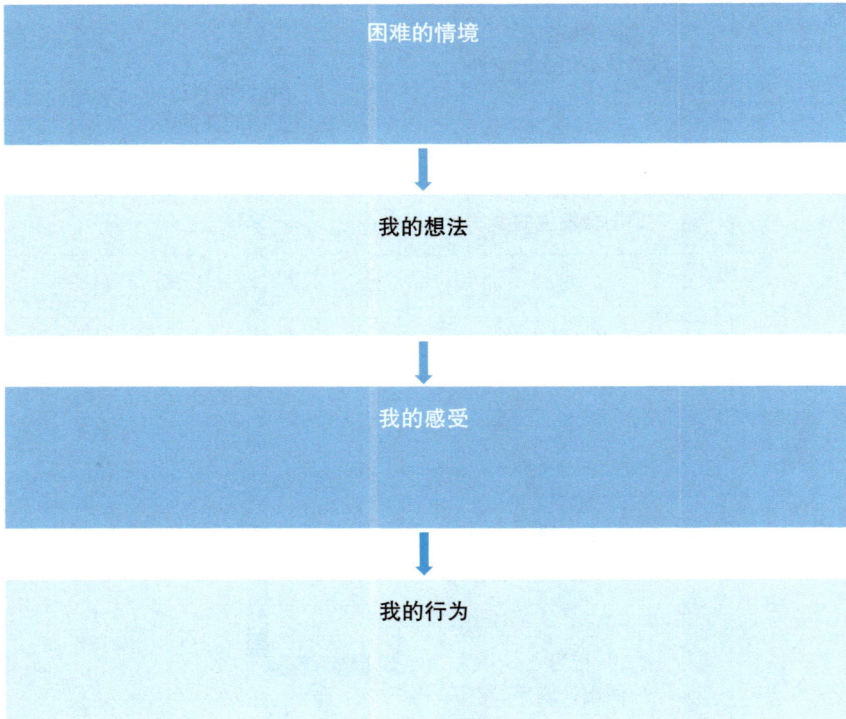

困难的情境

我的想法

我的感受

我的行为

第 9 章

你的思维方式

我们的头脑中会闪过源源不断的想法。这些想法是我们对已经发生的事情、我们正在做的事情及我们将要做的事情做出的评论。

假设你被邀请去参加一个派对。你所有的朋友都会去。你要待到很晚，而且会有很棒的音乐。当你为派对做准备时，你可能会注意到自己有以下**想法**。

- ▶ "我穿这些衣服，一定很好看。"
- ▶ "我所有的朋友都在发短信商量什么时间见面。"
- ▶ "派对肯定会很好玩儿。"

当你产生这样的**想法**时，你可能会**感到**兴奋或快乐，**会忙着**制订计划、和朋友聊天，并让自己做好准备。

你也可能会发现自己的想法非常不同。你可能不确定该穿什么，也不确定还有谁会参加。当你准备的时候，你可能会注意到自己存在以下**想法**。

- ▶ "我穿这些衣服真不好看。"

> ▶ "没有人打电话问我什么时候走。"

> ▶ "派对肯定会很糟糕。"

当你产生这样的**想法**时，你可能会**感到**担心或不快乐。你可能会**拖延、不想做准备**，甚至不确定是否要去。

> 探索你的想法能帮助你理解自己的感受和行为。

热思维

我们的想法一直在，但我们并不总是注意到它们。我们最容易注意到的是那些能**产生强烈感觉**的想法。

这些想法被称为**热思维**，它们通常涉及你如何看待自己、你做了什么、你期待他人如何对待你，以及你如何看待自己的未来。

你如何看待自己——这是关于你如何看待自己及自己的优势和技能。

> ▶ "我很愚蠢。"

> ▶ "我很善良。"

> ▶ "我是个失败者。"

你做了什么——这是你评估自己采取了什么行动的方式。

> ▶ "我从来没有把事情做好过。"

> ▶ "我擅长艺术。"

> ▶ "我一直很努力。"

你期待他人如何对待你——我们成长过程中的经历决定了我们对他人对待自己的方式有何期待。

▶ "人们不喜欢我。"

▶ "妈妈和爸爸一直帮助我。"

▶ "没有人在意我。"

你如何看待自己的未来——关于未来，你认为会发生什么。

▶ "我永远也应付不了。"

▶ "我会成功，并且去上大学。"

▶ "我永远不会有一段长久的关系。"

▶ 有益的思维

有些思维方式是有益的。它们让我们感觉良好，鼓励我们采取行动。这些有益的想法可能有如下呈现方式。

▶ **积极**的自我评价——"我的头发这样看起来很好"。

▶ 我们的**优点**和**成功**——"我和他人相处得很好，所以我相信我能交到新朋友"。

▶ 专注于我们的**成就**和进展顺利的事情——"我在那场比赛中表现得非常好"。

▶ 专注于**做出应对**和**取得成功**——"这真的很难，但我相信我能做到"。

有益的思维**激发**并**鼓励**我们面对挑战，帮助我们应对困难并**取得成功**。

▶ 无益的思维

另一些思维方式就不太有益了。它们让我们感到不愉快，干扰我们做事情。以下是一些**无益**的想法。

- ▶ **消极的**自我评价——"我的头发看起来一团糟"。
- ▶ 对自己或自己所做的事情**吹毛求疵**——"人们不喜欢我，所以没有人愿意和我一起出去玩"。
- ▶ 把注意力集中在**出错**的地方——"我把游戏搞砸了"。
- ▶ 预期自己**无法做出应对**，或者预料自己不会成功——"我做不到"。

无益的思维使我们**拖延**或**回避**挑战。它们让我们感觉自己**无法取得成功，无法做出应对**。

▶ 自动思维

从我们的大脑中闪过的想法叫**自动思维**。每个人都有自动思维。它们具有以下特点。

自动的——它们自然发生。不用你刻意去想，它们就会突然出现。

持续的——它们一直在那里。无论你多么努力都无法消除它们。

合理的——它们似乎有道理。你往往会接受它们是真的，而不会挑战或质疑它们。

私密的——我们很少告诉他人我们在想什么。它们是私密的，一直在我们的脑海中翻腾。

消极思维陷阱

我们会有各种有益和无益的自动思维。我们通常既可以觉察到积极事件的发生，也可以觉察到消极事件的发生。我们能够看到全局，认识到自己的优势和技能，也认识到自己的局限与不足。这样的**思维方式是平衡的**。

但有时，我们会陷入消极思维的陷阱，如下列情况发生时。

▶ 我们的思维变得**扭曲**。我们只注意到自己**消极**和**批判性**的想法。

▶ 我们只关注到与**失败**和**错误**有关的想法。

▶ 我们确信自己**无法应对**。

我们常常注意到自己的消极想法，所以这些想法对我们来说**显得理所当然**。我们越注意消极想法，就越相信并**接受它们的真实性**。

在公共汽车站等车时，萨拉注意到自己开始变得紧张，并哭了起来。萨拉试图捕捉自己脑海中闪过的**热思维**。

▶ **你正在想什么？**

萨拉在想她昨晚遇到的那个男孩。她喜欢他，期待再次见到他，但萨拉担心他不会出现。

▶ **关于自己，你在想什么？**

萨拉认为他"并不是真的喜欢我"。她"昨晚看起来没有那么好"，并且"还有很多女孩比我更有吸引力"。

▶ **你期待被如何对待？**

萨拉在想他人让她失望的时候。她发现自己在想"我们走的时候，他好像不那么热情""他可能把我的电话号码弄丢了，所以他不会给我打电话的"。

▶ **你认为会发生什么？**

萨拉现在确信他不会出现了。她得向她的朋友们解释她被放鸽子了，她觉得朋友们都会嘲笑她。

这一切都在萨拉的脑海中上演。这些想法越多，她的感觉就越糟糕，她也越相信这一切真的会发生。萨拉感到如此紧张和悲伤并不奇怪！一切都开始说得通了。

检查你的想法。当你觉察到一种强烈的感受时，试着捕捉你的想法，看看它们是有益的还是无益的。

我们的脑海中有源源不断的想法。

有时，这些想法是消极的、批判性的、无益的。

检查你的想法，看看你是否在用无益的方式思考。

检查你的想法

当你注意到一种强烈的情绪或一些想法掠过你的脑海时，把它们写下来。

关于自己，你在想什么？

你认为他人会如何对待你？

你认为会发生什么？

有没有什么特别的想法是经常出现的？

热思维

当你注意到一种强烈的情绪时，试着捕捉那些在你脑海中闪过的想法。

▶ 你正在做什么?

▶ 你感觉怎么样?

▶ 你正在想什么?

日期和时间	你正在做什么	你感觉怎么样	你的脑海中闪过什么样的热思维

你的想法是有益的还是无益的?

把你脑海中的内容"下载"下来

如果你捕捉不到任何想法，也不要担心。当你刻意寻找自己有什么想法时，确实可能会遇到这种情况。如果发生这种情况，试着把你脑海中的内容"下载"下来。

当你觉察到你的感受发生了变化时，尽可能多地写写发生了什么、谁在那里、说了什么，以及你的感受如何。

尽力写写发生了什么，细节越多越好。

第二天再读一遍，并在你捕捉到的任何想法下面画线。

第 10 章

思维陷阱

我们已经发现，有些思维方式是有益的，有些则是无益的。

有益的思维令你**感觉愉快**，它们是一些能令你**"动起来"**的思维，鼓励你主动尝试和做一些事情。

▶ 如果你想到"我很期待今晚的派对"，那么你可能会感到兴奋和快乐，并为此做好准备。

▶ 如果你想到"我以前没有做过这件事，但我要尝试一下"，那么你可能会感到平静，并充满动力。

▶ 如果你觉得"我喜欢和乔、萨姆待在一起"，那么你可能会感到愉快，并想和他们待在一起。

无益的思维令你**感到不愉快**，它们是一些令你**"停下来"**的思维，阻止你尝试做一些事情。

▶ 如果你想到"那个派对上的人我都不认识"，那么你可能会感到焦虑，不确定是否要去。

▶ 如果你觉得"我以前没做过这种事，不知道该怎么做"，那么你可能会感到难过，也不太愿意尝试。

▶ 如果你认为"乔和萨姆总是排挤我"，那么你可能会感到生气，并选择一个人待着。

我们并不是有意地用无益的方式思考。这种思维方式是我们随着时间的推移学会的。我们可能有过一些糟糕的经历，例如，事情可能出了差错，或者虽然很努力地尝试了某事，结果却令我们感觉很糟糕。这些经历会令我们更容易注意到消极事件的发生，如不顺利的事件和我们解决不了的事件。

然而，我们越是关注消极的一面，就越能找到相应的证据来说服自己相信以下想法。

▶ 发生的都是**坏事**。

▶ 无论我们做什么事情，都会**失败**。

▶ 我们**无法解决任何**问题。

此时，我们就陷入了**消极思维陷阱**，只能看到事物消极的一面，对积极的事物却视而不见。

> ✓ 改变的第一步是觉察自己的思维方式并找出我们经常陷入的 5 种**思维陷阱**。

▶ 消极过滤

第一种思维陷阱是消极过滤。当掉入这种陷阱时，我们只能关注发生的**消极**

事物——出错的事情、自己的缺点、他人说的不友善的话，或者我们无法应对的情境。而对于积极的事物，我们则往往会忽视，或者即使留意到，也会选择不相信它们或认为它们不值一提。

以下列出的是两种常见的方式：消极滤镜、积极的事物无关紧要。

消极滤镜

当你使用消极滤镜看待事物时，你看到眼前发生的积极事物的能力会受到阻碍，而只能看到消极的事物。

▶ 你可能在大学校园度过了美好的一天，但在出来的路上，你被绊倒了。你可能会发现自己在想"我出丑了，大家都在笑我"。当你专注于这件事时，你已经忽视了这一天的其他部分。

积极的事物无关紧要

在这种思维方式下，你会忽略任何积极的事物，认为它们不值一提。你越这样做，就越能说服自己：好事不会发生，发生的都是坏事。

▶ 妈妈或爸爸表扬了你，但你可能会发现自己在想，"他们之所以这么说，是因为他们是我的父母"。

▶ 有人来找你一起玩儿，你可能会想，"他们可能找不到其他人一起出去玩才会来找我"。

> 要想对抗关注消极面的倾向，你可以试着发现积极的事物。

▶ 将事件放大

第二种思维陷阱是放大消极事件，让它们显得比实际情况**更严重**。这包括以下三种方式：放大消极面、全或无思维及灾难化思维。

放大消极面

在这种思维方式下，消极事件会被夸张和放大，占据你的全部注意力。

▶ "我忘记了他的名字，现在所有人都在笑我。"

▶ 当你走进一个房间，你可能会发现自己在想"每个人都在盯着我"。

全或无思维

这是一种极端的思维方式。要么炽热，要么冰冷；要么完美，要么失败，似乎没有任何介于两者之间的情况。

▶ 你可能会和你最好的朋友产生分歧，然后你会想"我们再也做不了朋友了"。

灾难化思维

在这种思维方式下，你会发现自己在想可能出现的最糟糕的结果。

▶ 当你发现自己感到焦虑、心跳得很快时，你可能就会想"天啊，我要心脏病发作了"。

▶ 当你觉得有点头晕时，你可能就会想"我要昏过去了"。

> ✓ 将事件放大，就是将消极事件看得比实际情况更糟糕。
>
> 试着客观地看待事件，认识到事件可能并不像你想象中的那么糟糕。

▶ 预期失败

当陷入第三种思维陷阱时，我们会聚焦于未来，并相信事情一定会按照我们预期的那样发生。然而此时，我们往往会预期自己**失败，或者我们的预期比实际情形更糟糕**。

预期失败的思维陷阱主要包括以下两种方式：预言家和读心术。

预言家

预言家似乎总是知道接下来会发生什么事，而且往往是发生什么坏事！预言家预言我们会失败、事情会出错、我们会无法应对。这当然会让我们感到焦虑。

> ▶ 你的朋友们邀请你与他们一起外出，可是你发现自己在想"没有人会关注我"。虽然你不知道最后会发生什么，但你已经开始预测最坏的情况，这样的想法会令你感到更焦虑。

读心术

会读心术的人似乎总是知道每个人在想什么，而且通常会认为其他人都在批评他或对他不友善。

▶ 当你和朋友结束玩乐后，你走在回家的路上，发现自己在想"肖恩觉得我的手机是破烂货"。虽然肖恩可能并没有这么说，但你似乎知道他就是这么想的。

> ✓ 预期失败会导致我们产生一种"我们将不会成功、事情总会出错"的预想。
>
> 你可以尝试专注于你能做到的及令你享受的事情上。

▶ **自我贬低**

自我贬低是第四种思维陷阱。如果受到这种思维陷阱的影响，你会**对自己非常不友好**。你会辱骂自己并把所有的错误都归咎于自己。这包括以下两种方式：负面标签和责备自己。

负面标签

你会为自己贴上一个标签，并以这种方式思考自己所做的一切。

"我是个失败者。"

"我无可救药。"

"我是垃圾。"

责备自己

在这种思维方式下，你会觉得自己对消极事件的发生负有责任，即使实际上它们并不在你的控制范围内。但你觉得似乎所有出错的事件都是你的错。

▶ "我一上车，车就坏了。"

▶ 你来到朋友们的周围，听到他们在用很大的声音争吵，这时你发现自己在想
"只要我一来，大家就开始吵架"。你因为这些事情责备自己，但他们的争执
实际上与你无关——因为他们在你来之前就已经在争吵了。

> 与其不断地自我贬低，不如想一想，如果你的朋友有类似的想法，你会
> 对他们说什么。

▶ 好高骛远——设定难以实现的标准

最后一种思维陷阱是为我们自己设定**很高的标准，对我们应该做的事情抱有
不切实际的期待**。之后，因目标定得过高而难以被实现，我们一次次陷入失败。
这主要包括以下两种情况：应该和一定、期待完美。

应该和一定

有时，我们会想并对自己说一些当前不可能实现的内容。这些想法让我们
更强烈地意识到我们当前的失败和我们未能做到的事情。这些内容的开头通常
如下：

"我应该"；

"我必须"；

"我不应该"；

"我不能"。

期待完美

在这种消极的思维方式下，我们的期望和标准高得不可思议。我们想一直保持完美，所以当我们自己或他人达不到这些过高的标准时，我们就会感到绝望。

▶ 由于你为自己的学业设定了非常高的标准，因此当你得了 B+ 或做错了某些事时，你就会感到非常沮丧或生气。

▶ 由于你对朋友的期望是值得信赖和善良的，因此当他们让你失望时，你就会感到非常沮丧。

修正自己的期待。与其聚焦于你无法做到的事情，不如尽力发现自己可以实现的事情。

当我们掉入思维陷阱时，我们会持有如下消极的思维方式：

只能看到消极的事物；

放大消极事件；

预期事情会出错；

对自己失望和不友好；

抱有不切实际的期待和标准。

我们需要善于发现我们的思维陷阱。一旦了解了自己所陷入的思维陷阱，我们就可以学着挑战和改变它们，并发展出更平衡、更有益的思维方式。

思维陷阱

找到我们的思维陷阱可以帮助我们对它们发起挑战，并发展出更有益的思维方式。请尝试检查你的思维方式并写下你掉入过的思维陷阱。

消极滤镜——看不到积极的事物

积极的事物无关紧要——忽略或否定任何积极的事物

放大消极事件——将小事放大到比实际情况更严重的程度

全或无——只以极端的方式思考

灾难化思维——想象可能出现的最糟糕的结果

预言家——预测会发生最坏的情况

读心术——你知道每个人正在想什么

责备自己——你对发生的所有消极事件都负有责任

负面标签——你为自己贴上不友好的标签

期待完美——设定不可思议的高标准

应该和一定——无法实现你的期望

想法和情绪

当你注意到一种强烈的感受时，将它记录下来并描述具体发生了什么。试着捕捉此时在你脑海中闪过的任何想法，检查你是否掉入了思维陷阱。

日期和时间	发生了什么 谁在那里	你感觉怎么样	你正在想什么	你处于思维陷阱中吗 如果是，那么是 哪一种陷阱

第11章

改变思维方式

人们很容易陷入消极的思维方式中。每个人都会这样，这很正常。但对有些人来说，他们会被这种消极的、批判性的和带有偏见的思维方式控制。

这些人会被困在**思维陷阱**中，只能看到发生的不好的事情。他们预期事情总是会出错，认为发生的坏事比实际情况更糟糕。可是越采用这样的思维方式，他们就越会相信自己的想法。

> ✓ 与其听从你的消极思维并接受它们是真的，不如检查一下是否存在更有益的思维方式。你可以尝试使用**识别、检查、挑战和改变这四个步骤进行思维检查**。

识别

当你注意到一种**强烈的不愉快感**时，或者当你在拖延或**逃避某件事**时，试着捕捉你脑海中闪过的想法。这些想法是有益的吗？它们会令你感觉良好并鼓励你积极行动吗？

你可以把它们写在一张纸上或记在手机、计算机上。你可能会觉得它们看起来很傻，但别担心，它们都是些令你感觉糟糕的想法，所以你才需要识别并检查它们。

检查

下一步是检查你的想法，看看你是否**掉入了思维陷阱**。要想看看你是否把事情想得比实际情况更糟糕，你可以使用以下问题对这些想法进行检查。

▶ 你使用**消极滤镜**了吗？你只关注消极面了吗？

▶ 你**将事件放大**了吗？你是否把小事看得比实际情况更严重？

▶ 你是像一名**预言家**一样在预测会发生什么吗？

▶ 你是像一名**读心者**一样知道其他人在想什么吗？

▶ 你有给自己设定不可思议的标准以**期待完美**吗？

▶ 你有因那些你不能控制的事而**责备自己**吗？

▶ 你是否认为**积极的事物不值一提**，并想方设法否认任何积极的事物？

▶ 你是否有**灾难化思维**？在想可能发生的最坏结果？

挑战

既然你已经检查了自己有关思维陷阱的想法，下一步就是寻找能够支持或挑战这些思维的证据。这一步的重点是关注**事实**，寻找那些你未加理会的信息，或者被你忽略或遗忘的信息。

首先找到能够**支持**这种消极思维的证据，再寻找能够**质疑**消极思维的反面证据。你可以尝试使用以下问题。

▶ 有没有一些时候，**你的想法并不符合现实**？如果你正在夸大一些事件的重要性，抱有完美主义的期待，或者认为积极的事物无关紧要，这个提问可能对你很有帮助。

▶ 你是否**忽略了一些重要的事情**？这个问题有助于挑战你的消极滤镜。

▶ 如果你最好的朋友或你**看重的人**听到你这样想，他们会怎么说？当你责怪自己，或者透过消极滤镜看待事情并发现很难看到不一样的观点时，这个提问会对你有所帮助。

▶ 有什么证据表明这种情况已经发生，或者只是你**担心这种情况会发生**？如果你有时会"预言"或"读心"，这个问题可以帮助你做出相应的计划，以阻止你的担忧成为现实。

▶ 如果预期的结果发生了，**真的有那么可怕吗**？这个问题有助于挑战你的灾难化思维，帮助你正确看待眼前的事件。

改变

在检查的步骤中，你已经发现了自己所处的思维陷阱，而在挑战的步骤中，你发现了被忽视的、新的信息，这些信息可能会帮助你对自己的想法提出疑问。现在，权衡一下，是否存在其他更有益的思维方式。

这并**不是说你要欺骗自己**，假装一切都很好。你需要承认以下情况。

▶ 总有些时候会发生不好的事情。

▶ 你会有受到批评的时候。

▶ 人们有时会不友善、不顾及他人。

▶ 你会有不顺利的时候。

▶ 有些事你做起来会很费劲。

但是，很多时候我们会忽略一些事。找到它们可以帮助你以一种**更平衡、更有益的方式**看待事物。

试着找到一种以平衡的视角看待事物的思维方式，它既能助你接纳现状，又能帮你**做出应对、感觉更好**。

莎恩发现当她来到校园时，就会感到非常焦虑。

► 她试图**识别**那些在她的脑海中飞快掠过的念头，却发现自己在想"没有人跟我说话""我独自一人站在这里""每个人都认为我是个失败者"。

► 莎恩**检查**了一下自己的想法，发现自己掉入了**把事件放大**的思维陷阱中。她想起，曾有很多次当她在校园里和朋友聊天时，她用**"读心"的方式**认为别人在评判她。可是每当她环顾四周时，却都发现周围的人并没有特别关注她，更没有人注意到她独自一人。

► 莎恩**挑战**了这种思维方式。她发现自己**忽略**了一件事。她之所以独自一人站在这里，是因为朋友们还没有来，他们还没有下课。

► 莎恩**改变**了自己的思维方式，采用了一种更平衡、更有益的思维方式。"我的朋友们都不在，所以我要去找迈克一起待一会儿。"

以上方法帮助莎恩接纳了现状（当下朋友还没有来，所以她不能和他们聊天），同时又帮助她做出了应对（去和迈克一起待一会儿），这让她感觉更好（焦虑减轻）。

你会发现，刚开始尝试这么做会有点难。不过不要担心，这本来就需要一些时间。但要记住，你尝试得越多，就会越善于挑战和改变自己的思维方式。

他人会怎么说

当你掉入思维陷阱时，你很难看到事物的其他方面。如果发生了这种情况，你可以尝试用以下方式来帮助自己从**不同的视角**看待事物。

那些对你来说很重要的人对这件事会怎么说？

▶ 如果我最好的朋友知道我这样想，他会说什么？

▶ 如果我尊敬的人（妈妈／爸爸／老师）知道我这样想，他们会怎么说？

换位思考，如果是你在乎的人这样想，你会对他说什么？

▶ 如果我知道我最好的朋友这样想，我会对他说什么？

茜塔此刻眼眶湿漉漉的，她感受到巨大的压力。虽然她正在看自己最喜欢的电视节目，脑海中浮现的却是她的大学功课。茜塔搞不懂数学作业，她觉察到，下面的这些想法正在她的脑海中翻腾。

▶ "我把一切都搞砸了。"

▶ "我永远都无法通过考试。"

▶ "即使我现在开始学习，也来不及了。"

▶ "我真是太愚蠢了。"

于是，茜塔问自己，对于这件事，她身边的人会怎么说？

▶ 她最好的朋友会怎么说？

"你知道，虽然数学不是你的强项，但你总是能通过考试。而且你在其他方面都名列前茅。"

▶ 她的数学老师会怎么说？

"我们才刚刚开始学这些内容，我想你还需要一段时间才能真正理解它们。"

▶ 如果朋友遇到这样的事，茜塔会对朋友说什么？

"每个人都觉得它很难。""大家都不知道该怎么做。"

通过思考他人可能会说什么，茜塔成功地挑战了自己的想法，并能够客观地看待它们。虽然她仍然不知道该如何完成她的学习任务，但她现在至少能够识别并**挑战思维陷阱**。

- ► （识别）她**放大了事件** ——（挑战）她的数学作业很难，但更多的是因为它们都是新内容，而且她并不笨。

- ► （识别）她使用了**消极滤镜**看待事物 ——（挑战）她在其他所有科目中都名列前茅。

- ► （识别）她**"预言"**现在开始学习已经来不及了 ——（挑战）她需要一段时间才能慢慢理解。

- ► （识别）她**责怪自己**太笨了 ——（挑战）大家都搞不明白，所以不只是她觉得这很难。

> ✓ 有时，从**不同的视角**看待事物更容易一些，这么做有助于挑战你的想法。

应对担忧

有时，我们可能会发现自己一直在担忧。无论我们多么努力地挑战自己的想法或保持专注，担忧都总是不断地出现，我们也会因此感到头脑混乱。

我们会担心很多不同的事情。对于一些担忧，我们**可以采取相应的行动来解决**。

例如，下面这些"如果……你可以……"的方法可以帮助你。

- ► 如果你担心睡过头，你可以设置闹钟或请他人叫醒你。

▶ 如果你担心忘记作业，你可以把它记录在手机中或笔记本上。

▶ 如果你担心变胖，你可以少吃点零食或减少食物的摄入量。

对于另一些担忧，也许是你无能为力的。例如，下面这些"如果……该怎么办"的担忧。

▶ "如果公交车出事故了该怎么办？"

▶ "如果我得了癌症该怎么办？"

▶ "如果妈妈出意外了该怎么办？"

▶ 我们为何担忧

人们通常认为，担忧在以下方面会有积极的作用：

▶ 解决问题，找到解决办法；

▶ 激励你完成任务；

▶ 促使你为所有可能的结果做好准备；

▶ 防止事情出错或阻止不好的事情发生；

▶ 体现你对此事的关心。

事实上，对于那些无法改变的事情，担忧不会起到任何积极的作用。当你不停地思考可能发生的消极事件时，只会让自己感到更焦虑。

▶ 控制担忧

有时，你会发现自己的担忧限制了自己的行动。以下是一些示例。

▶ 如果你担心校车会出事故，那么你可能不会再乘坐校车了。

▶ 如果你担心得癌症，那么你可能会去医院做检查。

▶ 如果你担心妈妈发生意外，那么你可能想一直陪在她身边，确保她没事。

上述情况意味着你让**担忧占据了主导**。它们让你感觉很糟糕，并限制了你的行动。

> **限制**自己花在担忧上的时间。对于能通过一些行动解决的那些担忧，就去**解决**。对于令你无能为力的那些担忧，请尝试**接纳**。

留出"担忧时间"

与其整天担忧，不如专门留出 15 分钟时间让自己尽情地担忧（如 5: 00—5: 15 ）。在这段时间里，你可以毫不限制地去担忧任何令你担忧的事情。选择一个适合自己的时间，不过尽量不要安排在睡觉前后的时段，不然你可能会因此而难以入睡。

推迟你的"担忧"

担忧可能在一天的时间里都会在你的脑海中翻腾。当它们出现时，你可以尝试把它们写下来，但先不要花时间担忧它们。你可以在留出的"担忧时间"内专门去担忧。此时，你可以做几次深呼吸，把注意力重新集中在你周围发生的事情上。

能解决的，就去解决

你可以利用"担忧时间"回顾你记录的担忧清单。你会发现，其中的一些担忧已经消失了。对仍然困扰着你的那些担忧，看看你是否能做些什么。如果可以，仔细思考你所担忧的事，想想你能做些什么有帮助的事。这里你可以使用问题解决六步法（参见第 15 章）。

不能解决的，就尝试接纳

在你的担忧清单上，可能会存在很多"如果……怎么办"式的担忧，而你对它们却无能为力。对于这类担忧，请学着接纳总会存在一些令你担忧的事，学着接纳有些担忧确实有点可怕，学着接纳我们无法知道未来会发生什么。而你眼前可以做的，就是活在当下、享受当下，而不是担心未来。

当你注意到自己的无益想法时，你可以识别、检查、挑战并改变它们。想想如果你的重要他人知道你的这些无益想法，他们会怎么说，或者如果你知道朋友有类似的想法，你会对他说什么。

限制自己花在担忧上的时间。能解决的，就去解决；不能解决的，就尝试接纳。

思维检查

当你留意到自己脑海中经常出现一些无益的想法时，请检查是否存在其他不同的思维方式，这些思维方式具有如下特点：

▶ 它们有助于你从不同的视角看待事物；

▶ 它们能帮助你认识现状；

▶ 它们能令你感觉更好；

▶ 它们能帮助你做出应对。

对于这些无益的想法，你可以通过填写以下四个步骤栏来找到。

> **识别——哪些想法正在你的脑海里翻腾，这些想法令你感觉更好并鼓励你积极行动了吗？**

检查——你掉入了什么样的思维陷阱，你有把事情想得比实际情况更糟糕吗？

挑战——支持这些想法的证据有什么，反对的证据有什么，你是否忽略了什么？

改变——有没有更有益、更平衡的思维方式？

他人会怎么说

当你注意到一些无益的想法从你的脑海中掠过时，捕捉它们并问问自己，如果他人听到你这样想，他们会说什么？

哪些想法正在你的脑海中翻腾？

如果你最好的朋友知道你这样想，他会说什么？

你尊敬的人（妈妈 / 爸爸 / 老师）会怎么说？

如果你知道你最好的朋友这样想，你会对他说什么？

应对担忧

设定每天的"担忧时间",请你只允许自己在这个时间段内担忧。同时,记录一天中出现的任何担忧。

给你带来困扰的那些担忧

"担忧时间"到,现在将你的担忧分成你能采取行动应对的和你无法控制的。

针对这些担忧,你可以在当下做点什么?在每个担忧旁边写下你的计划。

你无法控制的担忧

解决那些你能解决的担忧,接纳那些你无法控制的担忧。

第12章

核心信念

改变思维方式并不是一件容易的事。因为一些无益的想法总是牢固而又强大。你或许可以意识到这些想法的存在，但你很难质疑它们，或者很难换种思维方式。

这些牢固的思维方式被我们称为**核心信念，我们的脑海中不断盘旋的自动思维就是在核心信念的驱动下产生的**。这些核心信念是在我们的过往经历和一些重大事件中逐渐形成的。随着时间的推移，我们形成了关于自身、他人对待我们的方式和未来的核心信念。

- ▶ 如果你总是被父母批评，那么你可能在对自身的看法上形成了这样一种核心信念——"我是个废物"。
- ▶ 如果你经常被欺负或嘲笑，那么你可能在他人对待你的方式上形成了这样一种核心信念——"所有人都想伤害我"。
- ▶ 如果你经历过一次严重的创伤性事件，那么你可能对未来形成了这样一种核心信念——"没有一件事会有好结果"。

▶ 核心信念

核心信念是一些**非常牢固、僵化**的思维方式。它们通常是一些很短的概括性陈述，被我们应用于所有的情形。

以下是一些核心信念的范例。

- ▶ "我没有用。"
- ▶ "别人都比我好。"
- ▶ "我自己解决不了。"

萨姆上学后，感觉自己很难交到朋友。其他同学会排挤她、辱骂她、嘲笑她并取笑她的穿衣打扮。这令经常独自一人的萨姆感到焦虑不安。因此，萨姆形成"没人喜欢我"的核心信念便不足为奇了。

之后，萨姆转到了一所新学校。那里的同学要友善很多，会很热情地邀请她加入他们的活动，但是萨姆很难觉察到环境的改变。她之前形成的"没人喜欢我"的核心信念非常牢固，因此她依旧认为没有人喜欢她，在课余时间总是回避他人。

她会表现出如下行为。

- ▶ 萨姆和他人待在一起时会不自觉地掉入**消极滤镜**的思维陷阱，她总是在搜寻他人不喜欢她的信号，哪怕那些信号只体现在一些微不足道的小事上。
- ▶ 萨姆会反复回想一些场景，然后放大一些细节，并把它们看作他人批评和嘲笑她的证据。
- ▶ 当他人邀请萨姆出去玩时，她就会变成一个预言家，预测自己一会儿肯定会遭到讥讽和嘲笑。
- ▶ 当和他人说话时，萨姆会不自觉使用读心术，认定对方觉得自己很无趣，说不出什么有趣的事情。

越是在意这些，萨姆的"没人喜欢我"的核心信念就越会被强化。萨姆从没质疑过这一信念，也从没意识到环境早已有所不同。这一核心信念太过根深蒂固，以致萨姆将它视作一个无可辩驳的事实。

核心信念是一些**非常牢固和僵化**的思维方式。其牢固性通过**思维陷阱得到支撑**。在思维陷阱中，我们不断**寻找支持核心信念的证据**，与此同时**拒绝一切质疑它**的声音。

寻找核心信念

想找出自己的核心信念并不容易。不过，当具有如下特点的自动思维出现时，你可以将它们记录下来：

▶ **令你很烦恼；**

▶ **总是引发你的强烈反应；**

▶ **不断地在你的脑海中闪现。**

尝试连续记录几天，看看这些思维中是否存在某种相同的模式或主题。

当你发现一个令你心烦的无益想法时，你可以通过询问自己**"这意味着什么"**来找出你的核心信念。持续地询问自己这个问题，直至找到驱动这些想法背后的那个核心信念。

爱丽丝总会担心妈妈。她也不知道为什么，但是每当妈妈开车出门时，她都会注意到一些引发她强烈反应的想法在脑海中盘旋。虽然妈妈的开车技术很好并且从没出过交通事故，但爱丽丝就是无法停止担心。于是，爱丽丝开始问自己"**这意味着什么**"来找出驱动这些想法的核心信念。

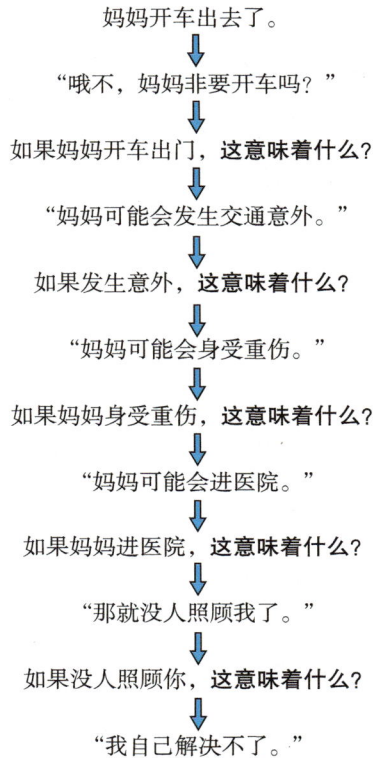

妈妈开车出去了。

⬇

"哦不，妈妈非要开车吗？"

⬇

如果妈妈开车出门，**这意味着什么？**

⬇

"妈妈可能会发生交通意外。"

⬇

如果发生意外，**这意味着什么？**

⬇

"妈妈可能会身受重伤。"

⬇

如果妈妈身受重伤，**这意味着什么？**

⬇

"妈妈可能会进医院。"

⬇

如果妈妈进医院，**这意味着什么？**

⬇

"那就没人照顾我了。"

⬇

如果没人照顾你，**这意味着什么？**

⬇

"我自己解决不了。"

这种提问方式帮助爱丽丝明白了，她担心的原来并不是妈妈开车。她知道妈妈的开车技术是令人放心的。令她真正感到害怕的其实是：如果妈妈遭遇什么不测，她就不得不靠自己应对所有的事情。

爱丽丝的这种"我自己解决不了"的核心信念令她感到焦虑。这让她明白了，为什么她总是回避或拖延做一些事情，直到有人过来帮忙。

一 自从被足球队开除后，乔伊总是感到很愤怒。一些想法在他的脑海中不断盘旋，他越想越生气。最后，乔伊决定找出这些想法背后的根源。

乔伊被足球队开除了。

⬇

"我是唯一一个被他们开除的人。"

⬇

如果你是唯一一个被他们开除的人，**这意味着什么？**

⬇

"我是最容易被抛弃的人。他们总是先抛弃我。这太不公平了。"

⬇

如果你总是先被抛弃的人，**这意味着什么？**

⬇

"没人在意我。"

⬇

如果没人在意你，**这意味着什么？**

⬇

"我没有用。"

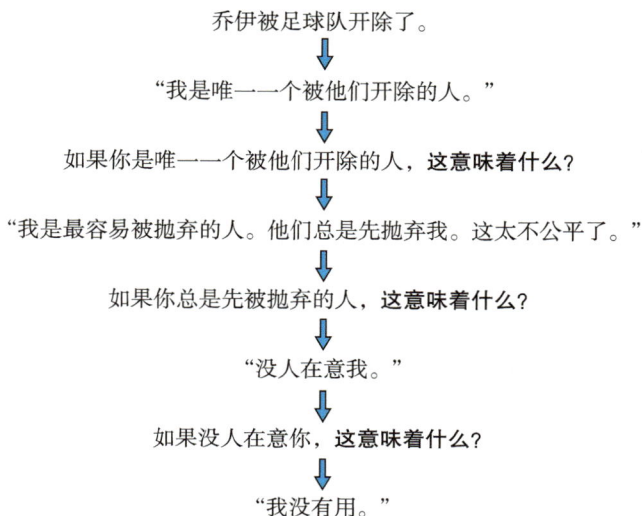

　　乔伊的这种"我没有用"的核心信念令他感到愤怒。他总是在寻找一些人们欺负他或待他不公的证据。这个提问过程让他明白了，为什么他总是和他人争吵，不断陷入麻烦。

> 识别自己的核心信念会帮助你更好地理解自己身上经常出现的情绪和行为。

▶ 挑战信念

　　核心信念不仅牢固和强大，而且非常僵化和概括化，使你相信自己的想法**总是代表着事实**。

▶ 如果你持有"我没有用"的核心信念，那么你会相信你**从来**都得不到他人的重视。

▶ 如果你持有"他人都比我好"的核心信念，那么你会相信无论做什么事情你都**无法**超越他人。

▶ 如果你持有"我自己无法解决"的核心信念，那么你会相信你将**永远无法**应对任何挑战。

这些想法并不是事实。你总有被重视的时候，总有比一些同伴做得更好的时候，也总有成功应对挑战的时候。因此，**为你的核心信念设定边界**很重要。

它总是符合事实吗

为核心信念设定边界的一种有效方法是寻找它们**并不总是符合事实**的证据。我们需要找出质疑核心信念的证据，无论这些证据看起来多么不起眼或微不足道。

如果你的核心信念是相信自己没有用，那么你就需要找出一些关于人们认可你这个人、你的想法、你的优势或你的技能等方面的证据。

▶ 留意人们联系你、征求你的意见或花时间与你待在一起的过往时光。如果你真的毫无价值，他们为什么要做这些？

如果你的信念是相信其他人都比你好，那么请找找那些你曾经成功的证据。

▶ 留意你不是班级最后一名的时候。这表明你有时是比他人更成功的。

如果你的信念是相信自己解决不了任何困难，你可以寻找那些你曾成功应对挑战的事例作为证据。

▶ 留意你成功解决难题的经历。也许攻克它的过程很难，但总有你能够应对的时候。

通过寻找相反的证据来为你的核心信念设定边界，无论这些证据是多么微不足道，都能在一定程度上证明你的信念**并不总是符合事实**。

如果不起作用怎么办

改变核心信念需要时间。你可能会找到证据证明你的信念并非总是正确的，但你可能仍然难以接受这一改变。由于核心信念过于顽固，你甚至会对自己找到的证据持忽略或拒绝的态度。

如果出现这种情况，**找个人聊聊**可能会有所帮助。你可以与好朋友或你敬重的人聊聊天，了解他们的看法是否与你一样。他人的看法会有助于你挑战自己的观点。他们可能会提供一些被你忽略或拒绝的新信息，或者向你突显某些事情的重要意义，这些通常是你看不到或很难相信的。

如果你很难挑战自己的核心信念，很难找到证据证明"它们并不总是符合事实"，那就找个人聊聊。他可能会持有不同的看法。

核心信念是牢固、僵化、强大的思维方式。

它们通过思维陷阱不断地变得牢固。我们往往会寻找相应的支持证据，却驳回任何质疑的声音。

你可以通过询问自己"这意味着什么"来找到自己的核心信念。

通过寻找核心信念并不总是符合事实的证据来为它们设定边界。

这意味着什么

当你注意到一个特别困扰你或在你的脑海中不停出现的想法时，尝试问自己**"这意味着什么"**，从而找到背后驱动它的信念。

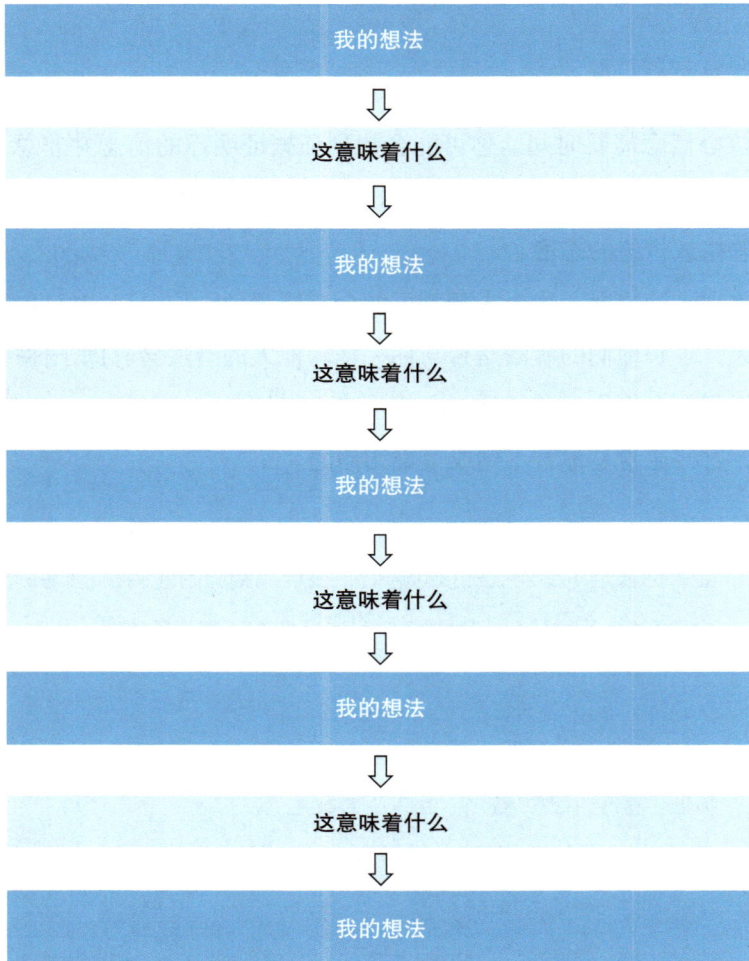

我的想法
⇩
这意味着什么
⇩
我的想法
⇩
这意味着什么
⇩
我的想法
⇩
这意味着什么
⇩
我的想法
⇩
这意味着什么
⇩
我的想法

它总是符合事实吗

写下你的核心信念，并寻找一些相反的证据，无论这些证据看起来多么不起眼。

我的核心信念

核心信念不总是符合事实的证据

我的信念

为了帮助你发现一些信念，请在 1~10 之间选择一个数字来表示你在多大程度上认可如下陈述。

```
   1      2      3      4      5      6      7      8      9     10
   |_____|_____|_____|_____|_____|_____|_____|_____|_____|
 完全不相信                                              坚定地相信
```

我的信念	信念评估
每件事我都要做得比他人好	
其他人都比我好	
没有人爱我或在乎我	
我的父母 / 养育者一定要和我一起做每件事	
我无须对我的行为或言语负责	
我是个失败者	
我比其他人更重要 / 更特别	
如果我说出我真正想说的话，可能会惹他人生气或不安	
我不能向他人展示我的感受	
他人的愿望和想法比我的更重要	
所有人都试图招惹我或伤害我	
没有人理解我	
我爱的人永远不会为我守候	
我需要其他人来帮我过活	
在我身上总会发生糟糕的事	

第 13 章

理解你的情绪

每天你都会注意到许多不同的情绪，以下是一些示例。

▶ 有人说些不友善的言语时你会**难过**。

▶ 与朋友聊天时你会感到**愉快**。

▶ 被批评时你会**生气**。

▶ 必须做一些没做过的事情时你会感到**焦虑**。

▶ 听音乐时你会感到**轻松**。

你的情绪会在一天中不断变化，尽管你并不总是注意到它们。虽然这些感觉有时可能不明显，也不会持续很长时间，但有时又格外强烈，持续很久，甚至干扰你的学习。

▶ 如果你感到**悲伤**，那么你做事情就会缺失动力。

▶ 如果你感到**愤怒**，那么你可能很难解决问题。

▶ 如果你感到**焦虑**，那么你可能会回避做令你担忧的事情。

当你的情绪占据主导地位时，你需要做情绪的主人，从而掌控自己的生活，学会引导自己走出消极情绪。

▶ 身体信号

我们并不是很擅长识别自己的情绪，有时我们或许会把一大堆杂乱的情绪打包，并随手贴上"我觉得糟透了"的标签。

为了深入了解自己的情绪，你可以观察自己的**身体信号**。这些信号会提醒你当下是感到悲伤、焦虑还是愤怒。

- ▶ 当感到悲伤时，你可能会注意到诸如哭泣、疲倦、暴躁、注意力减退等身体信号。此外，你的食欲或睡眠也可能会发生变化，你也可能变得安静或喜欢独处。
- ▶ 当感到焦虑时，你可能会感觉心跳加速、呼吸急促、体热出汗，你可能会颤抖，做事拖延，或者希望有人陪伴。
- ▶ 当感到生气时，你可能会注意到自己身体发热、面部变红、拳头紧攥或心跳加速。你可能还会做出叫嚷、咒骂、争吵或激动地跺脚等行为。

不同的情绪也可能对应相同的身体信号，以下是一些示例。

- ▶ 生气或焦虑可能都会引起心跳加速。
- ▶ 焦虑或悲伤可能都会让人变得安静和孤僻。
- ▶ 难过或生气可能都会令人暴躁和大喊大叫。

为了更好地识别自己不同的情绪，你可以尝试识别**所有**与情绪相关的**身体信号**。

▶ 你的情绪

虽然一个人的情绪变化看起来具有随机性，但任何情绪都不是空穴来风，它们都事出有因。

如果你仔细检查发生了什么，那么你可能会发现你的情绪与**你所做的事情**有关。

- ▶ 你可能在家时感到开心，学习时感到难过，去陌生地方时感到忧虑。
- ▶ 你可能在看电视时感到放松，做作业时感到生气，游泳时感到焦虑。
- ▶ 你可能和爸爸在一起时感到难过，和最好的朋友在一起时感到高兴，和哥哥或弟弟在一起时经常感到生气。

情绪也与**你的思维方式**有关。一些思维方式是有益的，让我们感觉良好，另一些思维方式则是无益的，让我们感觉不愉快。

- ▶ 如果你认为"我在那场比赛中做得很好"，或者认为自己"穿这件衣服很好看"，那么你可能会觉得开心。
- ▶ 如果你认为"我今天表现得很糟糕"，或者"我穿这些衣服看起来很糟糕"，那么你可能会感到难过或生气。

你的情绪与**你所做的事情**及**你的思维方式**有关。

你的情绪如何变化

要想了解你的情绪在一天中如何发生变化，写情绪日记或许有用。你可以通过两种方式做到这一点。

▶ 当你注意到一种强烈的情绪时，写下你的情绪和感受，当时你在做什么，周围有哪些人，你在想什么。

▶ 每天检查你的情绪。你可以分别在上午、下午和晚上检查你的情绪。写下你发现的感受，当时你在做什么，周围有哪些人，以及你捕捉到的任何想法。

周末的时候，回看你的日记，找一找你的情绪变化背后是否存在某种模式。

▶ 你最常注意到的情绪是什么？

▶ 有没有固定的诱因？

▶ 它们是否与特定的人相关——人群、朋友和家人？

▶ 有没有与你的感受相关的特定想法？

通过写日记找出与情绪相关联的地点、人物和想法。

为什么是我

当情绪持续很久且变得更加强烈时，你可能会感到沮丧或焦虑。这很常见，在 18 岁以下的年轻人中，约有 20% 的人受焦虑或抑郁的困扰。

感到沮丧或焦虑本身已经够糟糕了，请不要再因为有这种情绪而责怪自己，因为并不是你主动选择去体会这种情绪的。焦虑或沮丧的发生没有确定的原因。它是不同的影响因素共同作用的结果，包括你的**基因**、**生活**中发生的事情及**你自己**。

基因

焦虑和抑郁有家庭遗传性。如果你的父母之一曾遭受抑郁障碍或焦虑障碍的困扰，那么你可能会继承一些基因，增加你患焦虑障碍或抑郁障碍的风险。即便如此，你患病的风险依然很低。你的父母曾患焦虑障碍或抑郁障碍并不意味着你也一定会如此。

生活

生活中的事件也会引发焦虑和抑郁。亲近的人可能会去世；你可能曾遭受创伤、被欺凌，抑或生过大病；你的父母或许有婚姻不和的问题，或者你可能经常搬家、转学。对于大多数变化，我们都能很好地应对，但总会有无法承受的事让我们感到焦虑或沮丧。

你自己

有些人很悲观，常常对未来的不确定性表示担忧，总是看到生活的阴暗面。如果你也拥有悲观的思维方式，这会令你更容易感到担心和沮丧，会拖累你，令你变得焦虑或抑郁。

> 你也许不知道抑郁和焦虑的原因，但**好消息**是，这并不重要。你可以通过**改变生活方式**来改善情绪。

> 通过了解自己的身体信号，你可以更好地识别自己的情绪。
>
> 情绪不是随机发生的。它们通常与你所做的事和你的思维方式有关。
>
> 写情绪日记可以帮助你更多地了解自己的情绪。理解你的感受可以帮助你学会控制它们，让你感觉更好。

情绪低落

当你感到沮丧、烦恼或情绪低落时，你会注意到哪些信号？以下是一些示例：

► 疲倦；

► 没有食欲；

► 安慰性进食；

► 哭泣；

► 易怒、脾气暴躁；

► 懒得做事；

► 难以入睡；

► 早醒；

► 无法集中注意力；

► 不愿意出门；

► 不再做喜欢或享受的事情；

► 有自残的想法。

你注意到的其他信号

感到焦虑

当你感到害怕、惊吓或焦虑时，你会注意到哪些信号？以下是一些示例：

▶ 心跳加速；

▶ 呼吸急促；

▶ 发热或出汗；

▶ 脸红；

▶ 发抖；

▶ 呕吐或恶心；

▶ 口干；

▶ 头脑一片空白；

▶ 头痛；

▶ 频繁上厕所；

▶ 头晕目眩。

你注意到的其他信号

感到愤怒

当你感到恼怒、生气或紧张时，您会注意到哪些信号？以下是一些示例：

▶ 身体发热，双颊变红；

▶ 争吵；

▶ 大喊大叫；

▶ 咒骂或辱骂他人；

▶ 握紧拳头；

▶ 咬牙切齿；

▶ 紧张；

▶ 爱扔东西；

▶ 摔门；

▶ 猛击、击打、踢；

▶ 跺脚。

你注意到的其他信号

他人和我一样吗

我们常常感觉好像我们是唯一一个情绪低落或焦虑的人。尝试检索以下问题的答案，看看这种情况有多普遍？

在互联网上搜索，看看是否能找到以下问题的答案？

有多少人被抑郁困扰?

有多少人被焦虑困扰?

找出 3 个患有抑郁障碍的知名人士。

找出 3 个患有焦虑障碍的知名人士。

为了战胜这些困扰，他们做了哪些事？

情绪日记

情绪不是随机发生的，所以记录情绪日记可以帮助你理解是什么触发了你的情绪。每当你注意到强烈的感受时，请记录以下内容。

▶ 你的情绪是什么？

▶ 你此时在做什么，有谁在那儿？

▶ 你此时在想什么？

时间和日期	你的情绪是什么	你此时在做什么 有谁在那儿	你此时在想什么

你的情绪是否与自己的行为或想法有关？

心境监测

我们的情绪全天都在发生变化。心境监测将帮助你了解自己的情绪变化情况，以及对你来说最困难的时段。

对于一天中的每个时段，选择你最关注的感受，然后用 1~10 之间的数字来表示它的强度。

1 = 非常弱，10 = 非常强

	早晨醒来	上午	中午	放学后	下午茶时	睡觉时
周一						
周二						
周三						
周四						
周五						
周六						
周日						

有没有哪几天或哪些时段对你来说特别难以应对？

第 14 章

管控你的情绪

情绪有时会变得非常强烈，很难管控。它们可能会"接管"你，阻止你做自己真正想做的事情。

▶ 或许你**想要**外出，但因为**你感到如此不开心**，所以你选择了独自待在家里不被打扰。

▶ 或许你**想要**和朋友待在一起，但因为**你感到如此生气**，所以你最终和朋友不欢而散，你的朋友也因此不再邀请你出去。

▶ 或许你**想要**打电话给朋友，但因为**你感到如此焦虑**，所以最终你放弃了打电话。

当你的情绪占据上风时，你可能会开始拖延，回避做有挑战性的事情，或者不再做你曾经喜欢的事情。最终你做的事情越来越少，而自己待在家里的时间越来越多。

放松练习

许多知名人士、运动员和音乐家都运用放松练习帮助自己应对挑战。放松练习包括先绷紧你身体的主要肌肉群，然后释放这种紧张。**绷紧肌肉有助于之后放松它们。**

许多音频可以指导你体验绷紧肌肉再放松肌肉的过程。如果你没有音频，可以跟随下面的指导进行练习。

选择一个你不会被打扰的时间。找一个安静、温暖的地方，关闭手机，躺下或舒服地坐着。你可能想闭上双眼，但如果你愿意，也可以睁开双眼。

▶ 绷紧和放松各组肌肉群两次。绷紧时，感觉到它们的紧绷，但不要伤到自己。

▶ 开始时，先进行五次深呼吸。慢慢地让空气从鼻腔吸入，并从口腔呼出。

▶ 现在将注意力转移到你的脚上，向下弯曲你的脚趾。把它们蜷缩成一团，数到 5，然后松开。注意紧张和放松之间的区别。再重复一次，绷紧，放松。

▶ 将注意力转移到你的腿上，脚趾向上指向膝盖，以绷紧你的小腿。数到 5，放松，注意紧张和放松之间的区别。

▶ 将大腿后侧紧靠在椅子或床上，使大腿绷紧。数到 5，然后放松，注意紧张和放松之间的区别。重复一次。

▶ 将注意力转移到你的胃部，收缩你的胃部，使肚脐尽可能贴向脊柱。数到 5，然后放松，注意紧张和放松之间的区别。重复一次。

▶ 将注意力集中在你的手臂和手上，弯曲手臂，握紧拳头并举起向上贴近肩膀，让它们绷紧。数到 5，然后放松，注意紧张和放松之间的区别。

重复一次。

▶ 接下来向后弯曲脊柱，并拢左右肩胛骨，绷紧背部。数到 5，放松，注意紧张和放松之间的区别。重复一次。

▶ 将注意力集中在你的脖子和肩膀上，抬高你的肩膀，尽可能贴近耳朵。数到 5，然后放松，注意紧张和放松之间的区别。重复一次。

▶ 将注意力转移到你的面部，咬紧牙关，压低下巴贴近胸部，绷紧下巴和下颚。数到 5，然后放松，注意紧张和放松之间的区别。重复一次。

▶ 最后，紧闭双眼，紧抿嘴唇，绷紧脸部的其余肌肉。数到 5，然后放松，注意紧张和放松之间的区别。重复一次。

▶ 当你放松每一块肌肉时，注意紧张感的随之退去。数到 5，然后放松，注意紧张和放松之间的区别。重复一次。

▶ 再将注意力转回到呼吸上，享受这种放松的感觉几分钟。

试着在日常生活中进行放松练习。如果你能在睡前做这项练习，可能会帮助你睡得更好。

快速放松

有时，你可能没有时间让自己的每一块肌肉都实现先绷紧，后放松。一个更快的方法是，**将每个主要肌肉群绷紧和放松**。

绷紧你全身的肌肉，保持 5 秒钟，当你呼气时，放松肌肉，你会发现紧张感逐渐消失。重复这个动作，享受几分钟平静的感觉。

▶ 手臂和手：握紧拳头，弯曲双臂，尽力向肩膀靠拢。然后放松。

▶ 腿和脚：把你的脚趾翘向膝盖，轻轻地抬起腿部，向前伸展它们。然后放松。

▶ 胃：收缩你的肚子贴向后背，放松。

▶ 肩膀和脖子：抬高你的肩膀贴近耳朵，同时并拢左右肩胛骨。然后放松。

▶ 面部：绷紧你的面部肌肉，紧闭双眼，收紧下颚，紧闭嘴唇。然后放松。

▶ 练习得越多，你会发现做起来越容易。

每天安排固定时间做放松练习。当它成为你日常生活的一部分时，放松练习就会变成你的习惯。

身体运动

身体运动是放松和绷紧肌肉的自然方式。这些运动可以改善你的情绪。**运动时，大脑会释放一些让你感觉良好的化学物质。**

你想做多少运动，就做多少运动。关键在于你要做足够的运动，以便释放你体内的紧张感。尝试选择一项你喜欢的运动，以下是一些示例。

▶ 游泳；

▶ 打网球；

▶ 踢足球；

▶ 打篮球；

▶ 跳舞；

▶ 健身；

▶ 骑行；

▶ 跑步；

▶ 慢跑；

▶ 走路；

▶ 清理房间。

当你感到有压力时，可以尝试做一些运动来帮助自己放松下来。

4-5-6 呼吸法

当我们感到焦虑时，通常会注意到自己的呼吸变化。这时，我们的呼吸会开始变得局促、短浅、快速。这是人类的一种自然反应，被称作"战或逃"反应，目的是保护我们的安全。当这种反应出现时，我们会吸入更多的氧气，为身体提供燃料，以应对引发我们焦虑的威胁——战斗或逃跑。这时，**控制呼吸可以帮助你放松下来，从而重新获得掌控感**。

这是一种有助于你重新控制呼吸并让你快速冷静下来的方法。它非常简单，可以在任何地方使用。当你这么做时，别人可能都不会注意到。

▶ 用嘴慢慢吸气，数到 4。

▶ 屏住呼吸，数到 5。

▶ 慢慢地用嘴呼气，数到 6。

▶ 重复三次。

当你注意到呼吸开始变化时，或者当你开始感到有压力时，请尝试进行 4-5-6 呼吸练习。这项练习可以快速完成，所以每天可以试着练习两到三次。

平静的意象

我们可以**利用想象力创造一个特别的平静之地**，帮助我们感到放松、平和与快乐。

你需要练习通过想象创造一个属于自己的平静之地。当你感到有压力时，可以想象去那里放松和舒展自己。

▶ 你的平静之地可以是对你来说很特别的地方。它可以是你去过的某个有美好记忆的地方，也可以是一个想象出来的地方，如想象自己漂浮在太空中。

▶ 为了帮助你创造一个关于平静之地的美好意象，你可以找出一张能让你平静下来的照片，或者将这个意向画下来。

▶ 练习在脑海中创造这样的意象，为了尽可能地使其真实，你可以就如下方面进行具体描绘：

- **你看到了什么**，如天空、沙子的颜色、岩石的形状；
- **你听到了什么**，如海浪拍打海滩的声音、海鸥的鸣叫声；

- **你感觉到了什么，**如感受风吹过你的头发、阳光温暖着你的脸；
- **你闻到了什么，**如防晒霜和烧烤的味道；
- **你尝到了什么，**如你嘴里咸水的味道。

▶ 练习想象平静之地。如果你注意到自己感到焦虑或有压力，那就创造一个让你平静的意象，想象你就在那里。

当你感到紧张时，试着创造一个令你放松的地方，并想象置身在那个场景中，让自己放松和平静下来。

心理游戏

你会发现，当感到焦虑或情绪低落时，你会更多地注意到自己的想法和身体信号。然而，你越关注它们，它们就变得越糟糕。

心理游戏是一种**快速而简单地转移注意力的方法，**让你从无用的想法和不愉快的感受中抽离出来。它会帮助你将注意力放在周围发生的事情上，而不是仅关注心中的想法和身体信号。你可以通过多种方式来实现这一点，示例如下：

▶ 用字母表中的每个字母来命名一种动物；

▶ 从 147 开始，依次减 8 进行倒数；

▶ 倒着拼写家人或朋友的名字；

▶ 用车牌上的字母组词。

心理游戏可以帮助你获得短暂的放松。游戏的难度应足以让你集中注意力进行思考。同时，请尽可能快速地进行。

改善情绪

通常，我们虽然能够注意到自己的情绪，却很少做些什么让自己感觉更好。这看起来就像我们被情绪控制，由它们占据了主导。但事实并非如此。我们可以做很多事情来改善情绪。

如果你注意到一种不愉快的情绪，不要只是一味地忍受，请尝试改变它。你可以做些事情来改善自己的情绪。

► 如果你**感到紧张**，试着做一些能**帮助你放松**的事情。它可以是泡澡、画画、按摩、听你最喜欢的音乐或看书。

► 如果你**感到不快乐**，试着做一些能让你**感觉舒服**的事情。它可以是看你最爱的喜剧、涂指甲、烤蛋糕或逗宠物玩耍。

► 如果你**感到生气**，试着做一些能帮助你**冷静下来**的事情。它可以是上网、拍打防震垫或沙袋、看电视、戳薄膜气泡或出去散步。

你可以制作一个清单，将能令你感觉好起来的事情记录下来。当你感到不开心、生气或焦虑时，它将提醒你可以做哪些事情来帮助自己改善情绪。

安抚自己

有时，我们可能会因为一些事情而感到内疚或责怪自己，甚至认为自己活得这么糟糕是咎由自取。这时，你需要善待自己，因为没有人要理所当然地承受这些。你要照顾好自己，**并尝试找些办法来安抚自己**。

一种可以安抚自己的方法是，用你觉得愉快的事物刺激你的感官。专注于你正在做的事情，不要走神。就好像这是你第一次闻到、触摸到、品尝到、看到或听到这些东西。找出对你起作用的、能激活你感官的事物：

▶ **闻**——闻你最喜欢的香水、肥皂、新鲜的咖啡或香味蜡烛；

▶ **触摸**——触摸光滑的石头、柔软的玩具、柔软的布料，或者洗个热水澡；

▶ **品尝**——品尝有嚼劲的糖果、柔软的棉花糖、浓郁的薄荷、清爽的苹果或香甜的橙子；

▶ **看**——看让你微笑的图片或语录、鱼缸，或者天空中飘浮的云；

▶ **听**——听你最喜欢的音乐、鸟儿的歌唱、树木在风中摇曳的声音。

一旦确定了让你感觉舒服的事物，试着把它们放在一起。你就有了一个可以随时使用的自我安抚工具包。

找个人聊聊

虽然他人有时是引起我们的痛苦和不快乐的原因，但他人也可以帮助我们感觉更好。

如果你感到沮丧或焦虑，不要一个人待着。 如果你这样做，你可能会发现自己要么在脑海中不停地反复思虑已发生的事情，要么就在担心之后可能发生的事情。与其这样，不如思考以下问题。

▶ **你能和谁聊一聊？** 谁能让你感觉好些？

▶ **你想跟他们说什么？** 你想和他们分享你的感受还是谈论其他事情？

▶ **你想让他们做什么？** 你希望有人听你说话，给你一个拥抱，还是帮你解决问题？你得告诉他们你需要的是什么。

▶ **你将如何联系他们？** 你可以与他们见面、打电话、发短信、发邮件，或者使用社交媒体。

▶ **你将何时联系他们？** 尽快联系他们，这样你才能开始感觉变好。

列一个名单，写下令你"感觉好些"的人的名字，当你感到沮丧或不开心时，可以找他们聊聊。

回顾：当你感到不愉快时，不要只是忍耐它。做些能让自己感觉好起来的事情。

创立一个你自己的工具包来管理你的情绪。

这些方法可能并不总是有效，但你练习得越多，它们对你来说就越有帮助。

放松日记

当你感到一种强烈的不愉快情绪时，试着做一些放松练习。在你进行放松练习的前后，分别给你的感觉强度打分，分数范围为 1~100。

1	10	20	30	40	50	60	70	80	90	100

非常弱　　　　　　　　　　　　　　　　　　　　　　　　　非常强

日期和时间	放松练习之前你感觉怎么样（1~100）	你做了什么来改善情绪	放松练习之后你感觉怎么样（1~100）

令我感觉更好的身体运动

身体运动可以让你感觉更好。当感到有压力、不开心或生气时，你可以尝试进行一些身体运动，看看是否会有帮助。如果想找到哪些运动可能会帮助你，请尝试思考以下问题。

你喜欢什么体育项目（如游泳、网球、足球或篮球）？

你喜欢什么身体运动（如跳舞、健身、骑自行车、跑步或慢跑）？

还有其他你喜欢的身体活动吗（如散步、修剪草坪或购物）？

我的平静之地

当你感到焦虑或紧张时，试着在脑海中创造一个可以帮助你平静下来的地方。这可以是一个真实的地方，也可以是你在想象中创造出来的某个地方。

- 将你的平静之地画下来，或者找一张关于它的照片。
- 选择一个不会被打扰的安静时间，关闭手机。
- 闭上眼睛，想象一幅有关平静之地的画面。
- 为平静之地的意象尽可能勾勒出更多细节。
- 探索它的颜色、形状和大小。
- 注意听任何出现的声音。
- 留意所有的气味。
- 享受它品尝起来的味道。
- 注意与之伴随出现的愉悦感觉，例如，太阳如何温暖着你的脸。
- 感受你现在变得多么放松，享受这种感觉，记得，只要你想，你可以随时回到你的平静之地。

你练习得越多，就越容易创造出你的平静之地，

这也会更快地帮助你平静下来。

改变感觉

当你感到不愉快时，试着做一些自己喜欢的事情来改变这种感觉，让自己感觉好起来。做什么能让你感觉好些呢？ 可以尝试思考以下问题。

> 做什么能让你感到放松（例如，好好地泡个澡、画幅画、看看书，或者听听你最喜欢的音乐）？

> 做什么能让你感到快乐（例如，观看你最爱的喜剧、涂指甲、烤蛋糕，或者逗宠物玩耍）？

> 做什么能让你感到平静（例如，上网、演奏乐器、看电视，或者出去散步）？

自我安抚工具包

建立一个自我安抚工具包，用它来取悦你的每一种感官。一旦确定能令你感到享受的事物，就把它们放在一起，这样当你需要的时候就能随时拿来使用。

> 你喜欢什么气味（如香水、香皂、香料、咖啡或香味蜡烛的味道）？

> 你喜欢什么样的触感（如光滑的石头、柔软的玩具、丝绸般的织物或温暖的浴缸的感觉）？

> 你喜欢什么口味（如有嚼劲的糖果、浓郁的薄荷、清爽的苹果或浓郁的橙子的味道）？

> 你喜欢什么画面（如图画、鱼缸或云彩）？

> 你喜欢什么声音（如音乐、鸟儿的歌唱或树木在风中摇曳的声音）？

找个人聊聊

虽然你可以做很多事情来让自己感觉好些，但有时找个人聊聊也会很有帮助。

你可以找谁交谈？

你想跟他们说什么？

你想要他们做些什么？

你将如何联系他们？

你何时联系他们？

第 15 章

问题解决

我们每天都要面对许多挑战，在这个过程中，我们不得不做出相应的决定。

- ▶ 如果你被嘲笑了，你可以决定走开**或**反击。
- ▶ 如果你的老师让你安静下来，你可以决定照他们说的做**或**继续说话。
- ▶ 如果你的朋友告诉你一个秘密，你可以决定保守秘密**或**将它分享给他人。
- ▶ 如果你的父母让你帮忙做家务，你可以决定接受这个任务**或**推掉它。

如果你面临**很少的选择**，而且很**清楚**不同的选择将会带来什么结果，那么决定很**容易**做。

- ▶ 你要么停下来保持安静，要么继续说话。如果你决定继续说话，你的老师可能会要求你离开课堂。
- ▶ 你要么帮忙做家务，要么不做。如果你决定不做家务，你的父母可能会停止给你零花钱。

有些决策则**更加复杂**，因为可能并**没有标准答案**。

- ▶ 如果你不理会他们的嘲笑，那么他们可能会变本加厉，但如果你将这件事情告诉老师，那么你可能会惹怒霸凌者从而遭到威胁。

▶ 如果你向他人透露了朋友的这个秘密，或许可能保护了这个朋友的安全。但将秘密分享给你的那个朋友可能会因此和你闹翻，他可能再也不会信任你。

无论你选择什么，你的决定都会对**你**和**其他相关的人产生影响**。

▶ 如果你将被取笑的事告诉老师，可能会阻止这种情况继续发生，也会让你感到更快乐。对霸凌者来说，他们可能会惹上麻烦，甚至被学校开除。

短期和**长期**的结果也可能不同。

▶ 如果你泄露了朋友的秘密，他可能在短时间内不会再与你说话。但是随着时间的推移，他最终可能会意识到你其实是在帮助他，并愿意再次和你成为朋友。

> 我们需要仔细斟酌我们的决定，以了解不同的决定可能带来的不同结果。

▶ 为什么会出现问题

问题的出现不是我们有意造成的，而是由我们所做的决定导致的，以下这些与做决定相关的情形可能会导致问题的出现。

犹豫不决。

做决定可能很难。此时我们可能会选择迟迟不做决定或忽视问题的存在，希望它们自行消失。遗憾的是，挑战和麻烦不会自行消失。它们会不断出现，逐渐累积，最终将你淹没。

匆忙做出决定。

我们可能会因为缺乏对事情的充分考虑而做出糟糕的决定。例如,你可能会采取报复或攻击的方式对待嘲笑你的人。这么做之后,你可能会感到一时之快,但从长远来看,你可能会被学校开除。

因被感觉淹没而导致的不自主决定。

我们的情绪可能会阻碍我们思考事情的后果。当你的老师让你保持安静时,你可能会觉得他在针对你。因此你可能会变得愤怒,然后开始大喊大叫并咒骂老师。这些由情绪而生的反应都会让你陷入麻烦的泥潭,因为你完全被愤怒的情绪掌控了。

做某些决定本身可能很复杂。

做某些决定本身可能很复杂。例如,你的朋友准备做一些有风险的事情,并将这个秘密告诉了你。由于担心他的安全,你选择将他的秘密告诉别人。在这种情形下,你的朋友可能会因此而生你的气。

无法根据情境灵活地调整做决定的方式。

我们可能会固守自己的观念,常常以同样的方式行事。如果这些方式推动了事情的顺利进展,这当然很好。但如果事实证明,我们是在一次次地犯同样的错误,那么问题就出现了。

问题解决

问题解决是一种能够帮助我们决定如何应对挑战和问题的有效方法,它包括六个步骤。

▶ **停下来想一想,你需要做什么决定?**

▶ **你的选择是什么?**

▶ **这些选择的结果分别是什么?**

▶ 权衡利弊后，你会选择做什么？

▶ 决定并行动（放手去做）。

▶ 这行得通吗？

停下来想一想，你需要做什么决定？

第一步是明确你的问题和你需要做的决定，将它们具体化。你可能会觉得"人生"和"所有事情"都是挑战，但请试着明确界定你具体需要做什么。这个过程可以阻止你冲动行事，让那些强烈的情绪得到疏导，进而让你能够冷静思考。

你的选择是什么？

下一步是探索所有你能做的决定。这将帮助你思考不同的做事方法，这样你就不会总犯同样的错误。

一个有效的技巧能帮助你设想出不同的主意，那就是不断地问自己一个简单的问题："我可以做……或者……或者……或者……？"试着用这个技巧尽可能想出更多主意。

这些选择的结果分别是什么？

评估每个主意的结果，想想短期和长期结果有何不同，想想这些结果对你和其他相关人员的影响。这将帮助你在难以抉择的复杂情况下做出决定。

权衡利弊后，你会选择做什么？

在对每个决定的结果进行评估之后，下一步就是决定你要做什么。权衡利弊后，你认为你能做出的最好的决定是什么？

这行得通吗？

最后一步很重要。问问你自己，如果再来一遍，你依然会做出相同的决定吗？它是一个好的决定吗？如果不是，你会做出什么不同的决定？

> 不要匆忙做决定或犹豫不决。用以上六个步骤帮助你做出最好的决定，从而解决你面临的问题。

（一）罗比总是和他的父母争吵。他喜欢把音乐开得很大声，他的父母会为此抱怨，希望他把声音调小些。但是罗比不理睬父母，这种情况已经持续好几周了。昨天，罗比和父亲吵得很凶，几乎要打起来了。罗比不希望再发生这样的事情，所以他决定做一些改变。

停下想一想，你需要做什么决定？

罗比并不想和父亲吵架。可是如果他继续把音乐放得很大声，这种情况就很有可能再次发生。但罗比又不想停止听音乐，所以他必须想出一个办法让他既能听音乐又不用担心陷入和父亲的争吵。

你的选择是什么？

罗比仍然感到生气，所以最初他只想到一个主意，那就是继续用之前的音量播放音乐，但他可以把门锁上，这样父亲就进不去了。不过他知道这只会让事情变得更糟，这么做是因为他还是很生气。于是，罗比强迫自己想出其他方法：

▶ 依然大声地播放音乐，但要锁好门，这样父亲就进不来了；

▶ 把音量调小；

▶ 当父母外出时把音量调大，但当他们在家时把音量调小；

▶ 买一副耳机。

这些选择的结果分别是什么？

▶ 如果罗比锁上门，把音量调大，这能让他享受音乐。但与此同时，罗比还是会感到担心，因为他知道这样会惹父亲生气，他们很可能会再次吵起来。即使他们不吵架，他也不确定父母最终是否会拿走他的音响设备。罗比清楚的是，他不希望发生这种事。

▶ 如果罗比把音量调小，父母会更高兴，但罗比会不开心。因为他觉得这将会影响音乐的播放效果。

▶ 如果罗比能在父母出门时把音量调大、父母在家时把音量调小，争吵就会少一些。可是仔细思考后，他意识到，他在家的大部分时间，父母也都在家。所以他几乎没有机会大声播放音乐。

▶ 如果罗比有耳机，他可以随意用他喜欢的音量播放音乐，也不会影响父母，这样他们会很高兴。但是他没有钱买耳机。

权衡利弊后，你会选择做什么？

经过深思熟虑，罗比意识到，如果他一直把音乐放得这么大声，他和父母的争吵将不会停止。如果将音乐的音量调小对罗比来说不是可行的选择，那么他可以选择戴上耳机，这样他就可以继续享受音乐。这是一个双赢的解决方案，皆大欢喜。

决定并行动。

罗比决定和父母谈谈。在谈话之前，他要确保自己保持冷静，这样他就不会再陷入另一场争吵。罗比说昨晚事情失控了，他不希望这种事再次发生。他告诉父母关于耳机的想法，并问他们是否可以给他买一副耳机。他的父亲仍然很生气，表示既然罗比之前选择无视父母的要求，那他为什么要把钱花在罗比身上。

罗比预料到可能会发生这种情况，所以提出了一项提议以表示妥协。他提出在接下来的两周内，他将小声地播放音乐，作为交换，他问是否可以向父母借些钱买耳机。

这行得通吗？

罗比那晚没有播放他的音乐。第二天，他又问了一次，这次他的父母同意把钱借给他，前提是他的房间需要在接下来的两周内"保持安静"，不能大声播放音乐。

罗比做到了，同时也得到了耳机。更重要的是，罗比和父亲的争吵也变少了，他们开始相处得更好了。

分解目标

有些时候，我们遇到的困难和挑战可能会很大。即使我们知道自己需要做什么，也很难一次就顺利完成。

这时，你可以尝试把挑战分解成更小的步骤。如果你想跑马拉松，你可能很难一次就完成这个挑战。但你可以从跑较短的距离开始，然后随着时间的推移逐渐增加距离，直到你能够完整跑一场马拉松。

> 把你的挑战分解成更小的步骤，一次完成一小步。这样不仅会更容易，也能帮助你顺利完成它。

以下是一些分解挑战的示例。

▶ 在笔记本的页面上方**写下你想做的事情**（你的目标），而在页面下方写下你现在的状况。

▶ 想想**采取哪些步骤**能够帮助你从现在的位置一步步抵达你想实现的目标。将这些步骤写在便利贴或纸上。

▶ 步骤的多少取决于你自己。根据你的需要，步骤可多可少，但**要确保每一步不要太大**。

▶ 评估每个步骤的**难度等级**，从 1（一点都不困难）到 10（非常困难）。

▶ 最后，按照各步骤的难易程度排列任务。从最下面开始，把最简单的步骤作为第一步，然后由易到难排列其他步骤。

巴里要想顺利上大学，必须先参加面试。可是他从来没有参加过面试，也没有到访过任何一所大学。他不确定该如何前往，也找不到路。这对巴里来说太难了，以致前两次面试他都没能按约定参加。如果他想在下学期开始上大学，他现在只剩最后一次机会了。于是，巴里决定将他的困难分解成更小的步骤，这对他来说更容易应对。

具体步骤	任务	难度（1~10）
第六步	我的目标——参加大学面试	9.5
第五步	安排一次与老师的模拟面试	7
第四步	跟我的老师一起去，与学科中心主任会面	5
第三步	询问我的老师是否能帮我安排一次与学院的会谈	4
第二步	乘坐公共汽车前往大学，看看要花多长时间	2.5
第一步	找出前往大学的公共汽车的时间表	1

目前的状况：从未去过大学

如果你觉得挑战太大了，试着把它们分解成更小的步骤。

不要犹豫不决或匆忙做决定。用解决问题的方法帮助你做出选择 / 决定。

第一步：你需要做什么决定？

第二步：你的选择是什么？

第三步：这些选择的结果分别是什么？

第四步：权衡利弊后，你会选择做什么？

第五步：决定并行动。

第六步：这行得通吗？

如果你觉得挑战太大了，就把它们分解成更小的步骤，这将有助于你完成目标。

问题解决

如果你必须做一个重大或艰难的决定，试着用这六个步骤来帮助你决定要做什么。

停下想一想，你需要做什么决定？

你的选择是什么？

1.   或

2.   或

3.   或

4.   或

5.   或

这些选择的结果分别是什么？从短期和长期来看，对你和其他相关人员的影响是什么？

1.

2.

3.

4.

5.

权衡利弊后，你会选择做什么？

这行得通吗？下次你会采取什么不同的做法？

分解目标

如果你觉得挑战太太了，尝试把它分解成几个小步骤。步骤的多少取决于你的需要，没有硬性要求。完成分解后，你可以为每个步骤按照难度标准从 1（一点都不困难）到 10（非常困难）打分。之后，从最简单的步骤开始，朝着你的目标努力。

我想做的事情（我的目标）	难度
第八步	
第七步	
第六步	
第五步	
第四步	
第三步	
第二步	
第一步	
我现在所处的位置	

第16章

思维检查

各种各样的想法总是盘旋在我们的脑海中。我们对这些"声音"太习以为常，以致全盘接受它们，将它们视作事实，却很少停下来质疑或挑战它们。

其实，你可以通过**思维检查**的方式对这些想法进行探究，以审视它们是否符合事实，方法如下。

▶ **识别**：识别令你感到不愉快的想法，或者阻碍你正常行事的想法。

▶ **检查**：检查你是否陷入了思维陷阱。你是不是将事情想得比实际情况更糟？

▶ **挑战**：寻找能够支持和质疑你的想法的证据，以挑战你的思维。你是否忽略了一些积极的东西？

▶ **改变**：改变你的思维，以更辩证的方式看待事情，这样会让你感觉更好，也能帮助你顺利行动。

思维检查虽有帮助，但有时我们的想法可能会很固化。即使我们能够找到挑战这些想法的新信息，可能依然会认为它们并不重要，从而不予理会。

如果你觉得挑战自己的想法有困难，那就尝试**检验**自己的信念和预测。像科学家一样，做个行为实验，看看到底会发生什么。

行为实验

行为实验不仅可以帮助我们**检验**自己的预测和想法是否**总是**正确的，还可以**探索**不同做事方式的**不同**结果。也就是说，与其使用自我对话和推理的方式，不如利用行为实验来检验**具体会发生什么**。

行为实验可以为我们的想法设定一些限制，帮助我们探索新的信息，从而引出对事物的不同理解。

你可以通过以下六个步骤尝试设立一个行为实验。

第一步：你想检验什么想法或预测？

找出你的消极信念或预测，它们可以是最常出现在你脑海中的、令你感到不愉快的，或者阻碍你做事的，以下是两个示例。

▶ "从来没有人邀请我一起做任何事情。"

▶ "我是个失败者。"

识别出自己的想法后，用 1 到 100 表明你有多相信它，1 代表 "我完全不相信"，100 代表 "我非常相信"。

第二步：你可以做什么行为实验来检验这个想法？

设计一个你可以实施的行为实验，从而检验你的想法或预测是否会应验。

▶ 如果你觉得 "从来没有人联系我"，你可以在接下来的七天里，将所有的短信、邮件、通讯记录、Facebook 上的个人主页访问或邀请记录都记到日记里。

▶ 如果你认为自己是个 "失败者"，你可以在日记本中记下接下来五次的学业成绩。

先确保你在行为实验过程中是安全的，再决定何时进行实验。

> ▶ 如果你的电话或计算机坏了，那么此时就不是一个用来验证他人是否会联系你的恰当时机。

> ▶ 如果你的作业都集中在一门科目上，那么最好等到有不同的科目一同进行时再记录成绩。

第三步：你认为会发生什么？

如果你的想法会应验，你认为将发生什么，请将它们记录下来。这就是你的预言或假设。

> ▶ 如果你认为"从来没有人联系我"，你可能会预测，在接下来的七天里，你将不会收到任何短信、电子邮件、电话、Facebook 访客或邀请。

> ▶ 如果你认为自己是个"失败者"，你可能会预计自己接下来五次的学业成绩将是 D 或更低。

第四步：实际发生了什么？

尝试开展你的行为实验，并记录过程中**具体发生的事情**。这一点非常重要，不要遗漏或忽视任何事情。

第五步：你发现了什么？

将你的预测（第三步）与实际发生的情况（第四步）进行比较，以下是两个示例。

> ▶ 你预测不会收到消息，却收到了来自朋友乔伊的三条短信。

> ▶ 你预测的分数是 D 或更低，虽有两项作业确实不及格，得了两个 D，你的体育成绩却得了 B。

所以，你从这个行为实验中发现了什么？

> ▶ 你预测的情况会**比实际情况更糟吗**？

► 你的想法总是对的，还是事情**有时会和你预想的不同**？

► 对于实际发生的事情，有不同的思维方式可以**解释**吗？

► "我虽然很少接到电话，但和琼一直保持着联系。"

► "我在学术课程上很吃力，但我在体育方面表现很好。"

第六步：这是否改变了你的信念或预测？

在你的行为实验结束后，从 1 到 100 中选择一个数字，表示你现在在多大程度上相信你在第一步写下的想法或预测。有时，这些思维方式会非常稳固，导致分数并没有发生多大的变化。你可能会觉得新发现的这些事情并不重要。

► "这周还不错，因为琼以前并不常给我发信息。"

► "我虽然挺喜欢足球，但我对其他运动一窍不通。"

如果发生这种情况，请尝试实施另一个行为实验，然后**再次验证**你的信念或预测。

► 再用两周的时间，继续对他人联系你的情况进行记录。

► 记下你接下来十次的学业成绩。

保持开放和好奇

无论事情的结果如何，行为实验都可以帮助你探索如何让事情变得不同。

► 你可能最终会发现没人跟你联系。如果发生这种情况，那么你可能需要变得更加主动。与其等着他人来联系你，不如尝试改变做事的方式。想一想有没有你愿意主动联系的人，以及如何联系他们？

► 你可能最终会发现接下来五次的学业成绩都很差。如果发生了这种情况，你可能需要和你的老师谈谈，讨论一下你需要什么帮助才能提高成绩，或者再找找有哪些领域可能是你更擅长的。

（一）每当米娜与他人交谈时，她都会感到很焦虑，所以她经常回避社交场合。最近，她收到一个聚会邀请并为是否要赴约感到发愁。但是，大部分人都对这个聚会感到兴奋，所以米娜想到可以利用这个机会实施一个行为实验来检验自己的担忧。

第一步：你想检验什么想法或预测？

米娜对她去参加派对做出预测——"没有人会和我说话，我将独自一人"。米娜对此深信不疑，相信程度为 85。

第二步：你可以做什么行为实验来检验这个想法？

在通常情况下，这份焦虑会阻止米娜出门。但今天，她决定做点不同的事——参加聚会来验证自己的预测。米娜决定将于今晚 9 点前往参加聚会并在那里至少待 30 分钟。她与其中一个要去参加聚会的女孩苏菲关系不错，于是决定一到那里就先和她打个招呼。

第三步：你认为会发生什么？

"苏菲会跟我打招呼，然后她就会无视我。之后，我就会一个人傻傻地站在那里环顾四周。"

第四步：实际发生了什么？

米娜晚上 9 点抵达，发现苏菲独自一人。苏菲对她很友好，于是她们一直待在一起聊天，直到晚上 10 点半米娜才动身回家。米娜很享受这次聚会。

第五步：你发现了什么？

"苏菲似乎很喜欢和我聊天。我并没有一个人待着，我玩得很开心。"

第六步：这是否改变了你的信念或预测？

米娜最初对自己的预测"没有人会和我说话，我将独自一人"深信不疑（85），聚会后相信度下降到 65。这帮助米娜找到了一种更符合事实的思维方式——"虽然我觉得和他人交谈是件很难的事，但人们也许并没有无视我"。

如果你的某些想法（思维方式）让你感到不快乐，或者阻碍你正常行事，请检验它们。实施一个行为实验**看看会发生什么**。

● 调查和网络搜索

通常，我们都会相信我们对事物的理解是正确的。这时，要想检验是否可能存在**不同的解释，**我们可以通过**调查和网络搜索来实现**。

迈克注意到，当他感到焦虑时，他的心脏会剧烈地跳动。迈克担心自己有什么严重的问题，甚至担心自己心脏病发作。因为父亲有心脏病，所以迈克担心他也会和父亲一样患有心脏病。这种担忧一直萦绕在他的脑海中，但他从没有和任何人谈起过，因为他太害怕了。

虽然一开始迈克并没有开展调查的计划，但有一次在课堂上，老师组织了一场关于焦虑话题的讨论，于是他决定借此机会调查一下。课堂上，老师谈到了不同的焦虑信号，并询问有多少人在焦虑时注意到了自己心脏的剧烈跳动。迈克惊讶地发现原来其他人也注意到了这一点，自己并不是唯一的一个，这时他才感到如释重负。这也让迈克对剧烈心跳这个信号有了不同的理解——这个信号只代表他很焦虑，但并不代表他会心脏病发作。

杰西脑海里总是突然蹦出一些古怪的想法，而且都是些令人毛骨悚然的想法。这些想法经常是关于对他人的恶语相向，或者对他人做些不友好的事情。杰西担心自己会发疯，真的会做出这些糟糕的事。

杰西决定问问他的朋友们是否有类似的可怕想法。他对自己的一些想法感到尴尬和羞愧，因此不敢直接和朋友们交谈。于是，杰西决定发布一条消息，称他听说了一件事，有个人的脑海中总是会突然蹦出可怕的想法，想知道其他人是否也有过类似的情况。结果有三个朋友反馈曾遇到过类似的事，这令他感到很惊讶，但同时也放松了下来。之后，杰西再与他的朋友们见面并谈论这件事就自然多了。

卢克需要通过一场考试，形式是在全班同学面前做演讲。他为此而感到非常紧张。他担心自己会脸红，而且所有人都会注意到这一点，然后会嘲笑他笨。

卢克觉得谈论这件事让他很尴尬，但还是决定告诉他的老师派伊先生。卢克想，如果派伊先生理解他的担忧，可能就会放过他。派伊先生听了卢克的想法后，让卢克先在他面前单独讲一次。派伊先生认为卢克讲得非常好，并且完全没有注意到卢克的脸红。派伊提议他们可以一起做个调查。卢克将会在全班同学面前继续展示他的演讲，同时，派伊先生会让同学们写下他们对卢克的演讲所注意到的一件事，并对演讲的有趣程度进行评分。

卢克非常紧张，但在派伊先生的鼓励下，他开始了演讲。结果，调查得出的反馈非常积极。虽然有两位同学表示卢克看起来很紧张，但没人提到关于脸红的事。同学们说他的声音很清楚，讲得很好，大家也明白了他谈论的内容，对他的演讲感兴趣的评分是 8 分（满分 10 分）。听到这些，卢克发现，虽然他担心脸红，但其他人并没有注意到这一点，他们也不认为他愚蠢。

调查可以帮助你发现新的信息，引导你以不同的方式思考。

责任饼图

我们经常因为事情出错而责备自己，却忽略了许多导致事情如此的其他原因。

在这种情况下，你可以尝试制作一张饼图，将所有可能导致事情发生的原因容纳进来。每个原因用饼图的一块来表示，其大小取决于你认为它对促成这件事情有多大影响。

一　　杰德为父母离婚这件事而责怪自己。杰德一直在想，如果自己表现得好一点，父母就不会吵架了，肯定还会在一起。她越想越自责，感觉也越糟糕。

于是杰德写下了她能想到的可能导致父母分居的所有原因。

▶ 杰德一直让人觉得很难相处，她的父母确实为她的行为争吵过。

▶ 他们也会为其他的事情争吵，例如，钱、谁为家里做了什么、他们和朋友在一起的时间有多长。

▶ 父母去年就闹崩了，他们总是争论谁该为此负责。

▶ 祖母总是干涉母亲，说她做得不对，这引发了很多争吵。

▶ 父亲之前丢了工作，看起来总是一副生气的样子。

▶ 他们之前有很多账单要付，而父亲没打算做任何事来处理它们。

▶ 杰德把这些放进了她的责任饼图中，并把它们分成几块，以显示每一块对她父母的离异负多大责任。最后一块，也就是她的行为，是在其他的切块被分配大小后剩下的最后一部分。

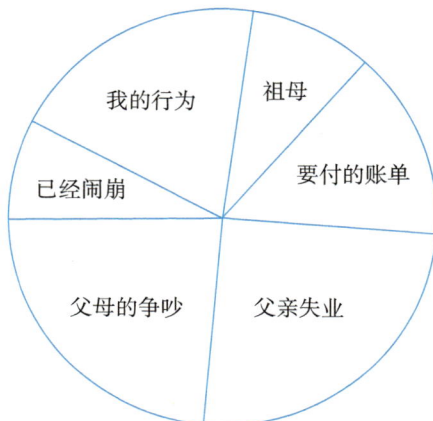

　　责任饼图帮助杰德更全面地理解事物。她意识到，虽然父母确实为她的行为争吵过，但他们的分开是由许多其他更重要的原因导致的。

> 如果你因某件事而责怪自己，试着用责任饼图来更全面地理解它。

> 如果你发现很难挑战自己的想法，请尝试开展一个行为实验来检验你的信念和预测。
>
> 行为实验是寻找新信息和检验想法的有效方式。
>
> 调查和网络搜索可以帮助你检验对于同一件事，是否存在理解和思考事物的不同方式。
>
> 责任饼图可以帮助你更全面地理解事物。
>
> 总之，行为实验有助于限制我们的消极思维，帮助我们从不同的视角看待事物。

思维检查

如果你注意到头脑中萦绕的一些难以改变的牢固想法，试着实施一个行为实验，看看实际会发生什么。

第一步：你想检验什么想法或预测?

你有多相信它（1~100）?

第二步：你可以做什么行为实验来检验这个想法?

第三步：你认为会发生什么?

第四步：实际上发生了什么？

第五步：你发现了什么？

第六步：这是否改变了你的信念或预测？

你有多相信你所检验的想法（1~100）？

调查和网络搜索

调查和网络搜索可以帮助你检验是否存在不同的理解和思考事物的方式。

> **我想检验什么想法或假设？**

> **我可以做什么调查或网络搜索来检验思维？**

> **我在调查中发现了什么？**

> **这与我的信念或假设有什么关系？**

责任饼图

我们经常会因为事情出错而责备自己，却忽略了许多导致事情发生的其他原因。为了更全面地看待事情，你可以尝试做一张责任饼图。

调查和网络搜索可以帮助你检验，对于同一件事，是否存在理解和思考事物的不同方式。

一件令我责备自己或感到负有责任的事

所有可能的原因

第17章

面对你的恐惧

我们经常回避或推迟做那些令我们感到焦虑的事情。即使有时我们真的很想做这些事情，但担心和焦虑的感觉还是会占据上风，从而阻止我们尝试。以下是一些示例。

- ▶ 你可能**想**拥有更多朋友，但如果与人交谈令你感到担忧，你可能会**回避**社交场合。
- ▶ 你可能**想**去新的地方，但如果去一个不熟悉的地方令你感到担忧，你可能会**回避**去那里。
- ▶ 你可能**想**加入一个社团，但如果在他人面前展现自己会令你感到担忧，你可能会**回避**参加类似体育选拔赛、音乐剧或表演试镜的社团活动。

回避做一些事情可能会让你在短期内感觉更好，但从长远来看，它并没有帮助。

回避限制了你能做的事情。

你没有机会做你想做的事情。

你无法学会应对。

你无法学会战胜你的担忧，直面你的恐惧。

糟糕的感觉会持续下去。

回避做一些事情即使能减轻你的焦虑感，但你仍然需要应对其他不愉快的感受。你可能会因长时间独自待着而感到难过，可能会因不能去新的地方而感到沮丧，或者因不能加入一个社团而感到愤怒。

> ✓ 与其持续回避那些令你感到焦虑的事情，不如重拾你的生活。你可以通过一些**小步骤**来攀登你的**恐惧之梯**，从而**面对你的恐惧**。

小步骤

面对那些令你感到焦虑的事情看起来会很难。因此，你可以尝试把你的恐惧拆分为**小步骤，以降低它的难度**。

你的恐惧是什么？

想想你害怕的事情，并从中选择一个你想战胜的。它可能是如下事物：

► 社交情境；

► 蜘蛛、蛇或其他动物；

► 拥挤的、高的或封闭的地方；

► 细菌或污垢。

你在回避什么？

想想你因恐惧而回避的所有具体情境或事物。

▶ 如果你在社交场合感到焦虑，你可能会放弃参加聚会、不在课堂上发言、不给朋友打电话，或者在午餐时间不和他人坐在一起。

▶ 如果你害怕狗，你可能不会拜访养狗的人、不去公园和公共场所，或者在看到狗时立刻走到马路对面。

▶ 如果你在人群中感到非常焦虑，你可能不会前往市中心、电影院、学校的集会，或者乘坐公共汽车。

▶ 如果你对细菌或污垢感到非常焦虑，你可能会回避使用公共厕所、不触摸门把手、不坐在某些地方，或者不使用共享的计算机。

你想做什么？

当你战胜你的恐惧后，你想做什么？

▶ 如果你在社交场合感到焦虑，你可能希望自己能够在午餐时间和他人坐在一起。

▶ 如果你害怕狗，你可能希望自己能够去拜访一个养宠物狗的朋友。

▶ 如果你在人群中感到焦虑，你可能希望自己能够去看一场电影。

▶ 如果你对细菌感到担心，你可能希望自己在上学时能够使用学校的厕所。

> 思考所有你因恐惧而回避的事物，然后从中选择一个尝试面对和克服。

搭建恐惧之梯

一旦确定了你想做的事情（你的目标），你就可以思考一下那些能助你实现它的小步骤。你想将目标划分成多少个步骤都可以，但要确保每个步骤都既能推动你做出积极的行为，又是可实现的。

之后，对于每一个步骤，评估你处于该情况下可能感受到的焦虑程度，并按 1（完全不焦虑）到 100（最严重的焦虑）进行评分。

最后，搭建你的**恐惧之梯**，把所有步骤按从最不可怕到最可怕的顺序进行排序。

一

每当和他人交谈时，海伦都会感到很焦虑，所以她在学校时总会一个人待着，避开他人。海伦现在感到很孤独，即使她感到焦虑，她也真的很想拥有一个朋友。

于是，海伦写下了所有她回避的情境，并对这些情境引发的焦虑感进行评分。

我回避的情境	焦虑程度（1~100）
▶ 乘坐公共汽车去学校	80
▶ 在班上和他人打招呼	40
▶ 上课时与他人坐在一起	30
▶ 午餐时间去食堂吃饭	55
▶ 参与课堂讨论	75
▶ 向同学请教家庭作业	45
▶ 放学后和他人一起去市中心	70
▶ 在 Facebook 上加入讨论小组	70
▶ 邀请他人去喝杯咖啡	65

海伦思考了战胜恐惧后她想做的事情。于是，她决定将"邀请女同学锡安放学后一起去市中心"作为第一步。之后，海伦制定了由小步骤构成的恐惧之梯，以帮助自己实现目标。

焦虑程度（1~100）

我的目标	和锡安一起去市中心	70
第五步	邀请锡安放学后去市中心	65
第四步	和锡安一起去食堂吃午餐	55
第三步	向锡安寻求有关英语课程的帮助	45
第二步	与锡安一起进行英语课堂讨论	45
第一步	在学校和锡安打招呼	40

海伦觉得自己尚未准备好处理所有自己回避的事情。她感到乘坐公共汽车去上学和参与课堂讨论这两件事太难了。但海伦相信，通过迈出一小步并不断攀登恐惧之梯，她最终能够变得更善于交际。

思考能帮助你面对恐惧的小步骤。之后，将它们按困难程度进行排序，搭建出一个恐惧之梯。

面对你的恐惧

最后一步是通过面对你的恐惧之梯上的第一步来重拾你的生活。一旦面对并学会应对这一步，你就可以向上移动至恐惧之梯的下一步，不断攀登直到完成目标。

面对你一直以来都在逃避的事情会很难，因为你已经习得以回避的方式应对焦虑情绪。虽然回避会带来暂时的解脱，但从长远来看，它会导致你错过许多真正想做的事情。不过，通过面对你的恐惧，你就会发现以下事实：

▶ 你的恐惧**并不如**你想象中的**那般糟糕**；

- 你的**焦虑水平最终会下降**；
- 你**能够应对**你的焦虑。

我该如何面对我的恐惧？

- **选择一个步骤**。在你的恐惧之梯上迈出第一步。注意要从不那么令人焦虑的步骤开始，这样你才能成功地做到。

- **计划**。写下你要做什么、什么时候做、谁会帮助你，以及你将如何应对。制订计划会为你提供一个最后期限，并帮助你获得更强的掌控感。

- **面对你的恐惧**。当面对你的恐惧时，**你会感到焦虑**。但这样做的目的是让你发现焦虑感本身会逐渐减轻。为了帮助你更好地留意到它，你可以在面对之前、面对过程中的几个时间点及面对之后分别对你的焦虑感从 1 到 100 进行评分。

- **与恐惧共处**。**即使**你感到焦虑，也绝**不能离开**或从这个情境中逃走。因为这正是你过去的做法，但它并没有带来帮助。请等到你的焦虑水平下降后再离开这个情境。它最终会下降的！

- **练习**。你的焦虑感并不会在面对一次恐惧后就突然消失不见。你练习得越多，下次体验到的焦虑感就越轻。

- **进行下一步**。当你觉得可以成功应对时，前进至恐惧之梯的下一步。

- **你发现了什么？**当你面对你的恐惧后，思考一下你从中发现了什么。你会意识到，如果让自己停留在那个情境中，**焦虑感最终会减轻**，这样你就**能够应对**。现在，庆祝一下你所取得的成就，犒劳一下自己。

> 虽然你会感到焦虑，但你可以通过面对恐惧和学习应对焦虑情绪来打败你的焦虑。

你永远无法通过回避的方式学会如何应对焦虑。学会与焦虑共处，不要让它阻碍你做自己真正想做的事情。

将你所有恐惧的事情拆分成小步骤，再选择其中一件你所回避的事情进行克服。

思考那些能帮助你面对这种恐惧的小步骤，并搭建恐惧之梯。

从恐惧之梯上的第一步开始，面对你的恐惧。与恐惧共处，直到焦虑感减轻。

前进至下一步，继续攀登恐惧之梯，直到你实现目标。

小步骤

想一想你的恐惧，写下所有因恐惧而回避的具体情境或事情。

我的恐惧

我回避

我回避

我回避

我回避

我回避

我回避

我回避

我回避

我回避

恐惧梯度

决定你想要解决的事情（你的目标），并把它写在梯子的顶端。

想想能帮助你达到目标的步骤，并从 1（完全不焦虑）到 100（最严重的焦虑）进行评分，再将它们从最不可怕到最可怕的顺序进行排列。

我的目标	焦虑程度
第八步	
第七步	
第六步	
第五步	
第四步	
第三步	
第二步	
第一步	

面对你的恐惧

从你的恐惧之梯上选择第一步（最不可怕的），并决定何时面对它。你会感到焦虑，但你需要与焦虑共处，而不是让它阻碍你要做的事情。

在前进至恐惧之梯的下一步之前，你可能需要多次练习当下的这一步。

选择我将进行的步骤

我何时去做？

焦虑水平的变化（1~100）

面对恐惧前我的焦虑水平：

面对恐惧时我的焦虑水平：

面对恐惧后我的焦虑水平：

我从中发现了什么？

我要进行的下一个步骤是什么？

我会做些什么来庆祝我做到的事情？

◀ **第18章** ▶

开始行动

当你感到沮丧时，你可能很难激励自己。每件事看起来都太费劲了。你可能会有如下表现。

▶ **更少出门**。

▶ **减少与他人相处**的时间。

▶ **不再做**你以前觉得享受的**事情**。

▶ **享受生活**的机会**更少**。

▶ 花**更多时间独处**。

你做得越少，就越有时间思考，而你越是用无益的方式思考，就会感觉越糟糕。

你会陷入**思维陷阱**，并发现自己做出以下行为。
反复回想已发生的事情并认为它们糟糕透了。

▶ 你只回想不好的事（消极滤镜）。

▶ 你把无足轻重的事情看得比实际情况更严重（夸大消极面）。

▶ 你把一切出错的事情都归咎于自己（自我责备）。

不断担心将要发生的事情及它们会有多糟糕。

▶ 你预料事情肯定会出错（预言家）。

▶ 你担心人们会对你有负面的看法（读心术）。

▶ 你担心自己没有表现得很完美（期待完美）。

识别、检查、挑战并改变你的想法虽然会有帮助，但当你感到特别沮丧时，你可能很难做到。因为这些时候，你脑海中的想法往往接连不断且无法抑制。

忙碌起来

在你感到沮丧时，与其挑战你的想法，不如改变自己的行为并**忙碌起来**，以帮助自己感觉更好。这样你就可以做更多你喜欢的、有趣的事情，而且这会给你带来回报。

> 首先，你可能会发现激励自己这件事并不容易。你可能会因疲惫感而找到很多借口不去做事。但你必须推动自己行动起来，下面的方法也许会让行动变得更容易。

选择对你很重要的活动。考虑哪些活动真的会给你带来不同的感受。选择它们会令你更有动力去尝试。

慢慢来。你可能已经有一段时间没怎么做事情了，所以不要太有野心。选择小的任务，以确保自己成功。

现在就做。不要等到你想做的时候再去做。你的感觉如何并不是重点。你只要设定好日期和时间，去做就好。

庆祝你的成功，无论这件事多小。善待自己，赞美自己。

认可你已经做到的事情。你可能会不自觉地关注接下来还需要做的事情，这会让你感到失落，请抑制这种冲动。想象如果换作是你最好的朋友，他现在已经迈出了一小步，开始回归生活，你会对他说些什么。

> 这样做的目的是让自己忙碌起来，所以不要期望感觉能立刻变好。愉悦感的恢复可能需要一点时间。

你做的事情和你的感受

如果你想更多地了解你所做的事情与你的感受之间的关系，写日记是一种不错的方式。选择将几天内每个小时发生的事情都记录下来。

▶ **你在做什么**，你在哪里，还有谁在那儿？

▶ **你感觉如何？**

▶ **你的感觉有多强烈？** 按 1（非常弱）到 100（非常强）进行评分。

完成日记后，请从中**寻找固定的模式**。

▶ 当你感觉很糟糕时，你在做什么？

▶ 有没有什么时候感受不那么强烈？

▶ 当你感觉好些时，你在做什么？

> 杰森几个月以来一直情绪低落，他真的很想改变自己的感受。于是，在一天中的每个小时，他都会写下自己做的事情和当时的感受。

日期和时间 周一	你在做什么、 在哪里、和谁一起	你感觉怎么样	这种感受有 多强烈
7：00	独自一人躺在床上	难过	85
8：00	准备去学校	难过	85
9：00	独自一人步行去学校	难过	90
10：00	数学课，听不懂	难过	100
11：00	英语课，与杰德和萨拉合作	不错	60
12：00	体育课，巡回赛训练	不错	50
13：00	和杰德一起吃饭	不错	55
14：00	科学课，与汤姆和塞布一起进行小组实验	不错	55
15：00	地理课	难过	60
16：00	与阿迪尔和塔拉去商店	不错	55
17：00	找个借口回家，回去后却发现家中空无一人	难过	80
18：00	独自一人在房间喝茶、吃饭	难过	80
19：00	独自一人在卧室看电视	难过	85
20：00	独自一人在卧室看电视	难过	90
21：00	和杰克一起玩网络游戏	不错	50
22：00	和杰克一起玩网络游戏，输了	不错	60
23：00	在床上，睡不着，为上学感到发愁	难过	80
0：00	在床上，为上学感到发愁	难过	90

当杰森回看他的日记时，他发现了以下内容。

▶ 日记证实了他难过的感受。他一整天都没有感到快乐过。

▶ 他的情绪在一天中是不断变化的——早上和晚上感觉更糟糕，下午则会感觉好些。

▶ 当他和他人一起做事（去商店、吃饭、玩游戏）时，感觉更好。

▶ 虽然杰森会找借口回避和朋友们待在一起，但与和他们待在一起时的感觉（55）相比，他在家里时反而更不开心（80）。

尝试用写日记的方式来检验你所做的事情与你的感受之间的关系。

改变你的活动内容和活动时间

　　了解哪些时候你感觉特别糟糕，以及哪些活动令你感觉更好或更糟糕，这样可以帮助你**计划去做一些不同的事情**。

从日记中可以看出，当杰森在一天结束后回到空无一人的家时，他的情绪会很低落，而在上体育课时，他的情绪会好很多。杰森喜欢运动，于是他决定改变他回家后所做的事情。他计划去跑步，而不是独自一人待在家里。

对杰森来说，早晨很难熬。他独自步行去学校时心情会很低落。尽管和朋友们待在一起这件事会令杰森感到发愁，但他和他人在一起时仍比独自一人时感觉更好。于是，杰森决定做出一些改变，安排和朋友杰德见面，并和他一起去学校。

你不可能改变所有的事情。虽然上数学课总是令杰森感到情绪低落，但他不能不上课。因此，请将关注点放在改变你可以改变的事情上。

做更多有趣的事情

当你感到沮丧时，你可能会感到疲惫，也没有什么精力。于是，你停下了手中所有的事情，甚至包括那些你曾经喜欢做的事情。不过，你没有理由不再喜欢做它们，所以请试着将**你喜欢做的事情重新加入**你的日程。

请列出符合以下标准的活动清单。

► 你以前喜欢做但现在**不再做**的事情。

► 你喜欢做但**不经常做**的事情。

► 你还没有做过但**想做**的事情。

仔细考虑那些**需要和他人共同完成**的活动。和他人一起不仅能让你忙碌起来，也为你提供了一次社交的机会。想想你能和他人一起做些什么。它可能是如下活动：

► 和你的妹妹一起购物；

► 和你的朋友去电影院；

► 和你的家人一起吃饭；

► 在咖啡馆见一个朋友。

给你带来**成就感**的事情。想想有哪些事情能给你带来自豪感和成就感。它可能是如下活动：

► 画一幅画；

► 演奏一种乐器；

► 修理你的自行车；

► 整理你的衣服；

► 完成一个谜题。

你**真正享受**的事情。这个选择完全取决于你，它可能是如下活动：

▶ 打游戏；

▶ 烹饪；

▶ 听音乐；

▶ 阅读；

▶ 看视频。

令你活跃起来的事情。它可能是一些充满活力的活动：

▶ 跑步；

▶ 跳舞；

▶ 游泳；

▶ 锻炼；

▶ 散步；

▶ 整理你的卧室。

从你的清单中选出这周你要做的**一件事或两件事**。它们应是对你来说很重要的、能为你带来成就感的、可实现的事情。

不要尝试做太多的事情。这个方法的意图是**保证你能成功做到**，所以要为自己设定小的目标。最好设定类似于"弹 5 分钟吉他"的目标，而不是"练习一小时吉他"。

在每周结束时，请**庆祝你已经做到的事**，并在你所做的基础上继续前进。例如，你可以为自己设定每周弹 2 次吉他、每次弹 5 分钟的目标，或者引入一个新目标，如打电话给朋友。

> 找到那些对你来说重要且能带来愉悦感的活动，并逐步将它们融入你的日程。

理解你所做的事情与你的感受之间的关系。

你做得越少，你就越有时间担心已经发生的和将要发生的事。

忙碌起来，做更多你喜欢的、有趣的事。

改变你的活动内容和活动时间。当你感觉更糟时，做一些能令你感觉更好的事。

通过变得更忙和做更多能改善心情的活动，你可以令自己感觉更好。

你做的事情与你的感受

检验你做的事情与你的感受之间的关系。请尝试连续几天记录这个日记表，同时评估你全天的感觉变化。

```
1    10    20    30    40    50    60    70    80    90    100
```
非常弱   非常强

日期	你在做什么、在哪里、和谁一起	你感觉怎样	这种感觉有多强烈
7: 00~8: 00			
8: 00~9: 00			
9: 00~10: 00			
10: 00~11: 00			
11: 00~12: 00			
12: 00~13: 00			
13: 00~14: 00			
14: 00~15: 00			
15: 00~16: 00			
16: 00~17: 00			
17: 00~18: 00			
18: 00~19: 00			
19: 00~20: 00			
20: 00~21: 00			
21: 00~22: 00			
22: 00~23: 00			
23: 00~0: 00			
0: 00~1: 00			

其中有固定的模式吗？当出现强烈的不愉快感时，你在做什么？

当不愉快感很轻时，你在做什么？

做更多有趣的事

当我们感到沮丧时，我们就不怎么做事了，甚至会停下那些我们喜欢做的事情。写下对你来说有趣且重要的事情。

```
我以前喜欢做但现在已不再做的事情




```

```
我喜欢做但不经常做的事情




```

```
我想做的事情




```

对你来说，什么事情不仅很重要，而且能帮助你逐步回归生活？

计划更多有趣的活动

选择 2~3 件你想在一周内做的事情。试着加入一些你**喜欢的**、**活跃的**、需要同**他人**一起进行的，并能给你带来成就感的事情。

在你的日记中计划好它们，并记录下你实际做的事情。

	我将做什么	我实际做了什么
周一		
周二		
周三		
周四		
周五		
周六		
周日		

◀ **第19章** ▶

保持良好的状态

要想保持良好的状态，你需要确保你能坚持应用对你有用的想法和技能。为了确保你不会重新陷入过去那无益的应对方式中，制订一个**保持良好状态的计划会很有帮助**。你需要思考以下要点：

▶ 哪些领悟 / 方法有帮助；

▶ 将它们融入你的生活；

▶ 练习它们；

▶ 对挫折有预期；

▶ 了解你的预警信号；

▶ 注意困难的情形 / 事件；

▶ 善待自己；

▶ 保持乐观。

哪些领悟和方法有帮助

你会发现有些领悟和方法对你很有帮助，有些对你并无用处。将你的关键领悟和探索而得的有效方法记录下来，这样你就不会忘记了。

你的重要领悟有哪些？

▶ 回避无法帮自己学会应对。

▶ 想法像波浪一般来来去去。

▶ 做得越少，思考的时间就越多。

对你有用的方法有哪些？

▶ 将挑战拆解成更小的步骤。

▶ 正念行走。

▶ 当感到沮丧时，做些事情来照顾好自己。

什么能帮助你放松并感觉更好？

▶ 身体活动。

▶ 更友善地与自己对话。

▶ 自我安抚工具箱。

什么能帮助你应对自己的想法？

你可能会发现正念很有帮助，或者你更倾向于挑战自己的想法。哪种对你更有用呢？

▶ 注意消极滤镜的思维陷阱。

▶ 像对待朋友一样对待自己。

▶ 寻找生活中出现的积极事物。

写下你的关键领悟和探索而得的重要技能，这样你就可以提醒自己哪些办法对你是有效的。

将它们融入你的生活

为了鼓励你多运用探索而得的技能，请寻找一些将它们融入你生活的方法。你越让它们成为你每天或每周生活的一部分，你就越容易想起运用它们。

将你学到的技能融入日程安排。

试着运用习得的技能来处理每天的任务或事件。

- ▶ 早上穿衣时，你能发觉脑海中出现的一些无益的想法并挑战其中的思维错误吗？
- ▶ 刷牙时，你能练习友善地与自己对话吗？
- ▶ 吃午餐时，你能练习正念进食吗？
- ▶ 在晚餐前，你能找出今天发生的一件积极的事情吗？
- ▶ 在晚间安排中，你能使用放松技巧吗？

提醒自己使用这些技能。

你可以写便条，或者如果你不想让其他人知道，也可以使用某件物品作为提醒你运用这些技能的方式。

- ▶ 在你放衣服的抽屉里放一张便条："识别、检查、挑战、改变"。
- ▶ 在你的牙刷上贴一张便条，提醒你要"善待自己"。
- ▶ 在你的午餐盒里放一张写着"正念"的便条。
- ▶ 在手机上设置一个晚餐前的提醒，"找出一件积极的事情"。
- ▶ 每天早上在你的枕头上放一件物品，提醒你"放松"。

将对你有用的技能融入生活能更好地促使你运用它们。

练习

当事情进展顺利时，你可能觉得不那么需要练习你的新技能了。或许这些技能已经帮助你感觉好些了。但如果你停止对它们的练习，你可能又会重新退回到过去无益的应对方式中。

为了保持良好的状态，你需要继续练习。

你练习得越多，你的技能就越会成为日常生活的一部分，你就越有能力应对未来的挑战。

回顾一下你做得怎么样。

▶ 每周花点时间核对你最近练习了哪些技能。

▶ 为自己做到的事表扬自己。

▶ 想想有哪些因素差点阻止了你运用这些技能。

▶ 制订能帮助你克服这些障碍的计划。

▶ 选出那些看似特别有用的技能（如果有），并在下一周将它们作为练习重点。

回顾一下你每周的练习情况，以确保你是在练习对你有用的技能。

对挫折有预期

生活中虽然充满了惊喜，但有一件事是肯定的——**意想不到的困难和挑战总会接踵而至**。你的新技能并不会阻止它们的出现，所以请预料你将会持续接受挑战。

当面对挑战时，你可能会发现自己短暂地退回到过去无益的应对方式中。别担心。这通常是一个短期的退步，它并不意味着你原有的习惯又重新占据了上风。这种时候，请觉察正在发生的事情，并采用对你有帮助的习惯。

> 短暂的退步是正常的，不要担心。如果发生这种情况，请投入更多的努力去应用你的新技能。

了解你的预警信号

你可以将你需要留意的预警信号列一个清单，以确保你不会倒退并陷入过去那无益的方式中。这些预警信号可能是以下内容。

你过去无益的思维方式。

▶ 与你的想法争论可能是一个预警信号，它表明你在维持正念状态时遇到了困难。

▶ 聚焦于消极事物可能是一个预警信号，它表明你正在逐渐陷入原有的思维陷阱。

与不愉快感相关联的身体信号。

▶ 心跳加速和感觉很热可能是预警信号，它们表明你的焦虑感正在增强。

▶ 不断流泪和入睡困难可能是预警信号，它们表明你的情绪正在逐渐变得低落。

可能会令事情变得更糟糕的行为方式。

▶ 独自一人在房间待得越来越久可能是一个预警信号，它表明你的情绪正在逐渐变得低落。

▶ 开始回避一些事情可能是一个预警信号，它表明你的焦虑感正在增强。

你越善于留意你的预警信号，你就能越快采取行动来改变这种情况。

注意困难的情形和事件

有时，你将不得不应对一些让你感到难以处理的情形或事件。

▶ 如果你对自己持有很高的标准，那么在准备考试期间，你可能会产生更多令你焦虑的想法，你会感到更焦虑。

▶ 如果你觉得社交情境很困难，那么当你不得不参加一个大型的社交聚会或与一些你不太熟悉的人交谈时，你可能会感到更焦虑。

▶ 如果你不喜欢变化，那么当你不得不去一个新地方时，你可能会觉得很困难。

▶ 如果你经常一个人待着并用越来越多的时间倾听自己的消极无益想法，那么你可能预料到情绪最终会变差。

善于**发现困境**给你提供了机会，让你可以制订应对**计划**，并**练习有效的应对技能**。

▶ 在准备考试期间，你可以制定一个复习时间表，并在开始复习之前练习放松技巧。

▶ 如果要见一群新朋友，你可以就你可能会谈论的内容进行练习，并将关注点放在交流时朋友们所说的内容上，而不是放在你可能给他人留下的印象上。

▶ 如果你要去一个新地方，试着从积极的角度看待这件事情，并回忆在过去出现的变化中，你是如何应对的。

▶ 如果你有更多的思考时间，试着从中分配一些时间来练习正念。

密切注意富有挑战性的情形，并计划你的应对方式和需要练习的技能。

善待自己

当面临挫折时，你很容易退回到过去的方式，并因此而自责不已。你可能会出现如下表现：

▶ 开始**批评**或辱骂自己；

▶ **责怪**自己让这种情况发生；

▶ 关注自己的**错误**。

记住，事情**总会有出错的时候**，你并不是完美的，你一定会犯错，也总会有不友好的事情发生。

接受现实，你无须责怪自己。

接受现实，保持耐心，善待自己。

保持乐观

在生活中遇到挫折是正常的。许多问题都是短暂的，通过使用你的技能就能迅速得到解决。你遇到挫折并不意味着你的困扰又回来了，也不意味着你的技能不再有效。

如果你遇到了挫折，那么这正是你进一步练习新技能的时候。这些技能以前曾发挥作用，所以现在也一定能再次帮助你。

请保持乐观并提醒自己以下事项。

▶ **你可以打败它**——你上次有能力打败它，现在你只需要像那样再做一次。

▶ **记住你的优势**——专注于你所拥有的技能和优势会有所帮助。

▶ **关注你做到的事情**——关注你已经做到的事情，无论它有多小。

▶ **奖励自己**——为自己未停止改变而表扬自己。

专注于自己的优势和已经做到的事情将有助于你解决问题，应对挑战。

何时需要求助

有时，你可能会陷入以往无益的应对方式中。你可能会注意到，旧有的习惯又开始展现出来，而且无论你怎么努力都无法改变它们。

当你感到被困住时，和他人谈谈你的感受将会有所帮助。不要拖延。你行动得越快，就会越快恢复良好的感觉。

尝试记住对你有帮助的领悟和方法，以保持你的良好状态，

设法练习你的新技能，并将它们融入你的生活。

留意你的预警信号，为应对困境做好准备。

对挫折有预期并保持积极的态度，你要相信你的技能会帮助你保持良好的状态。

保持良好的状态

思考哪些领悟和方法曾帮助你，并将它们写在下面。

要记住的重要领悟是什么?

我觉得有帮助的方法有哪些?

能帮助我放松下来的方法有哪些?

什么能帮助我应对我的想法?

这些将提醒你，要想保持良好的状态，你需要练习什么。

我的预警信号

将你需要注意的预警信号列一份清单，这些信号可能会告诉你，你正在退回到原有的无益的应对方式中。

我的无益的思维方式

我的身体信号和我的感受

我的行为变化和活动内容的变化

你越善于留意你的预警信号，就能越快地采取行动来阻止事情变得更糟糕。

困难的情形 / 事件

想想你必须处理的情形或事件，并制订应对计划。

在未来的六个月里，我将面临什么困难的情形或事件?

我的应对计划是什么?

我需要练习哪些技能来帮助我取得成功?

识别未来的挑战并制订应对计划，将帮助你取得成功。

请保持乐观并提醒自己以下事项。

- ▶ **你可以打败它**——你上次有能力打败它，现在你只需要像那样再做一次。
- ▶ **记住你的优势**——专注于你所拥有的技能和优势会有所帮助。
- ▶ **关注你做到的事情**——关注你已经做到的事情，无论它有多小。
- ▶ **奖励自己**——为自己未停止改变而表扬自己。

专注于自己的优势和已经做到的事情将有助于你解决问题，应对挑战。

何时需要求助

有时，你可能会陷入以往无益的应对方式中。你可能会注意到，旧有的习惯又开始展现出来，而且无论你怎么努力都无法改变它们。

当你感到被困住时，和他人谈谈你的感受将会有所帮助。不要拖延。你行动得越快，就会越快恢复良好的感觉。

尝试记住对你有帮助的领悟和方法，以保持你的良好状态，
设法练习你的新技能，并将它们融入你的生活。
留意你的预警信号，为应对困境做好准备。
对挫折有预期并保持积极的态度，你要相信你的技能会帮助你保持良好的状态。

> ✓ 密切注意富有挑战性的情形，并计划你的应对方式和需要练习的技能。

善待自己

当面临挫折时，你很容易退回到过去的方式，并因此而自责不已。你可能会出现如下表现：

▶ 开始**批评**或辱骂自己；

▶ **责怪**自己让这种情况发生；

▶ 关注自己的**错误**。

记住，事情**总会有出错的时候**，你并不是完美的，你一定会犯错，也总会有不友好的事情发生。

接受现实，你无须责怪自己。

> ✓ 接受现实，保持耐心，善待自己。

保持乐观

在生活中遇到挫折是正常的。许多问题都是短暂的，通过使用你的技能就能迅速得到解决。你遇到挫折并不意味着你的困扰又回来了，也不意味着你的技能不再有效。

如果你遇到了挫折，那么这正是你进一步练习新技能的时候。这些技能以前曾发挥作用，所以现在也一定能再次帮助你。

请保持乐观并提醒自己以下事项。

▶ **你可以打败它**——你上次有能力打败它，现在你只需要像那样再做一次。

▶ **记住你的优势**——专注于你所拥有的技能和优势会有所帮助。

▶ **关注你做到的事情**——关注你已经做到的事情，无论它有多小。

▶ **奖励自己**——为自己未停止改变而表扬自己。

专注于自己的优势和已经做到的事情将有助于你解决问题，应对挑战。

何时需要求助

有时，你可能会陷入以往无益的应对方式中。你可能会注意到，旧有的习惯又开始展现出来，而且无论你怎么努力都无法改变它们。

当你感到被困住时，和他人谈谈你的感受将会有所帮助。不要拖延。你行动得越快，就会越快恢复良好的感觉。

尝试记住对你有帮助的领悟和方法，以保持你的良好状态，设法练习你的新技能，并将它们融入你的生活。

留意你的预警信号，为应对困境做好准备。

对挫折有预期并保持积极的态度，你要相信你的技能会帮助你保持良好的状态。

密切注意富有挑战性的情形，并计划你的应对方式和需要练习的技能。

善待自己

当面临挫折时，你很容易退回到过去的方式，并因此而自责不已。你可能会出现如下表现：

- ▶ 开始**批评**或辱骂自己；
- ▶ **责怪**自己让这种情况发生；
- ▶ 关注自己的**错误**。

记住，事情**总会有出错的时候**，你并不是完美的，你一定会犯错，也总会有不友好的事情发生。

接受现实，你无须责怪自己。

接受现实，保持耐心，善待自己。

保持乐观

在生活中遇到挫折是正常的。许多问题都是短暂的，通过使用你的技能就能迅速得到解决。你遇到挫折并不意味着你的困扰又回来了，也不意味着你的技能不再有效。

如果你遇到了挫折，那么这正是你进一步练习新技能的时候。这些技能以前曾发挥作用，所以现在也一定能再次帮助你。

致　谢

许多人都直接或间接地为本书的完成倾注了力量。

首先，我要感谢我的家人罗茜（Rosie）、卢克（Luke）和埃米（Amy）的鼓励。虽然我花费了大量的时间在工作、写作和出差上，但是他们依旧给予了我坚定的支持。

其次，在职业生涯中，我有幸与许多杰出的同事一起工作过。我们的许多临床探讨都已经转化为本书的观点。我要特别感谢我的同事凯特（Kate）和露西（Lucy），能有机会同她们一起在 CBT 科室工作十多年，是我的荣幸。她们的耐心、创造力和深思熟虑，帮助我详尽阐明并检验了本书的观点。

再次，我要感谢我有幸遇到的青少年来访者。他们克服挑战的决心持续激励并鞭策着我，让我为寻找和普及有效的心理干预措施而不懈努力。

最后，我要感谢本书的读者。希望这些材料能让你们帮助青少年，为他们的生活带来真正的改变。

参考文献

考虑到环保，也为了节省纸张、降低图书定价，本书编辑制作了电子版参考文献。用手机微信扫描下方二维码，即可下载。

本书涉及的工作表，请根据以下链接进行下载和打印。

box.ptpress.com.cn/y/63639